# THE GLORY OF THE NORTH
## The Russian traditional garden art

# 北方的荣耀
## ——俄罗斯传统园林艺术

安 著

中国建筑工业出版社

**图书在版编目（CIP）数据**

北方的荣耀——俄罗斯传统园林艺术／杜安著．—北京：
中国建筑工业出版社，2013.4
ISBN 978-7-112-15210-0

Ⅰ．①北… Ⅱ．①杜… Ⅲ．①园林艺术－艺术史－俄罗斯
Ⅳ．①TU986.651.2

中国版本图书馆CIP数据核字（2013）第050347号

责任编辑：杜　洁
责任设计：赵明霞
责任校对：陈晶晶　党　蕾

# 北方的荣耀
## ——俄罗斯传统园林艺术
杜安　著

\*

中国建筑工业出版社出版、发行（北京西郊百万庄）
各地新华书店、建筑书店经销
北京锋尚制版有限公司制版
北京方嘉彩色印刷有限责任公司印刷

\*

开本：787×1092毫米　1/16　印张：10　字数：248千字
2013年5月第一版　2013年5月第一次印刷
定价：88.00元
ISBN 978-7-112-15210-0
（23265）

# 前　言

　　俄罗斯风景园林300年发展史，是世界园林艺术体系中积极吸纳外来元素而又固守其民族本性的一脉长流。俄罗斯的传统园林不同于东方，也有别于西方。尽管前辈学者多将其划入西方园林体系，但作者在全俄各地考察时却能深刻体认到俄罗斯园林对斯拉夫民族特有的建筑、绘画与雕塑等艺术元素的吸收、对自然文化和乡土文化的认同以及对宗教精神的崇尚。俄罗斯园林发展到苏联时期逐步形成了比较健全而有特色的理论体系，在学科高等教育方面也自成一体，其理论对于中国现代园林发展所产生的影响是深远的。因此，学术界加深对俄罗斯园林的了解和研究，在客观上有其一定的现实意义。

　　当前，我国的外国园林史学界对意、法、英、德、日等国传统园林的介绍成果颇丰，相关研究渐趋成熟，而对北方邻国俄罗斯园林的介绍尚无专著问世。此次作者在现存的俄罗斯著名历史园林中，选取了12处具有代表性的艺术作品，将在俄罗斯留学时所搜集的相关史料、笔记、图片整理成文稿，编撰成册，希望借此抛砖引玉，对完善外国园林史的研究，以及增进中俄园林文化交流有所贡献。这12处历史园林依次是：夏花园（Летний сад）、彼得宫（Петергоф）、斯特列利纳（Стрельна）、奥拉宁鲍姆（Ораниенбаум）、库斯科沃（Кусково）、皇村（Царское Село）、加特契纳（Гатчина）、巴甫洛夫园（Павловский Парк）、米哈伊洛夫斯基宫廷花园（Сад Михайловского дворца）、圣彼得堡植物园（Ботанический сад иституты им.В.Л.Комарова в Санкт-Петербурге）、雅斯纳亚·波良纳（Ясная Поляна）、新圣母修道院及名人墓园（Новодевичий монастырь и новодевичье кладбище）。

　　其中，夏花园是俄罗斯园林史上的重要转折点，是俄罗斯园林西化进程中具有里程碑意义的第一座艺术花园；彼得宫是法国勒诺特式园林以巨大尺度在俄罗斯移植的一次伟大尝试，它的建成，连同斯特列利纳、库斯科沃与奥拉宁鲍姆等一道，都是俄罗斯规则式园林的杰出代表；皇村作为诗人普希金幼年读书的地方而独具文化气息，现存的宫殿园林建筑群是俄罗斯规则式与自然风景式园林风格的完美结合；巴甫洛夫园和加特契纳园林则是俄罗斯百年自然风景园运动的典范之作；圣彼得堡植物园是俄罗斯乃至整个欧洲历史最为悠久的科研型植物园之一；米哈伊洛夫斯基宫廷花园是圣彼得堡市中心历史园林系统的重要组成部分，是继夏花园之后又一处令人神往的优雅园林；位于图拉市郊外的雅斯纳亚·波良纳体现了俄罗斯特有的贵族庄园文化；莫斯科市内的新圣母修道院旁是一处充满人文艺术气息的名人墓园。12处园林各具特色，编列顺序大体上以园林史为主线，基本上贯穿了俄罗斯造园历史上比较重要的艺术作品。

风景园林是一门综合学科，笔者在研究俄罗斯传统园林史的过程中，不可避免地触及俄罗斯的绘画、雕塑、建筑等其他艺术门类，尤其是俄罗斯风景画历史悠久，特色鲜明，与俄罗斯传统园林艺术相互影响促进。笔者在对18世纪至20世纪初俄罗斯风景画研究的基础上，以两者的关联性为切入点，写成《俄罗斯风景画与俄罗斯传统园林艺术》一文，作为一个独立的篇章，以附录的形式编入本书，希望有助于业内对于俄罗斯传统园林艺术的进一步深入探讨。

本书由上海市园林设计院策划并推介，书中所有园林实例都经笔者实地考察，所有图片均由笔者在俄期间拍摄、搜集所得，既适合园林专业人士阅读，也可以满足园林艺术爱好者对俄罗斯园林的需求。本着"它山之石，可以攻玉"的初衷，笔者在客观论述俄罗斯园林艺术和历史的同时，也适当渗入了一些不太成熟的主观评判。水平所限，疏漏之处在所难免，诚望读者诸君不吝赐教。

杜安

2012年11月22日 于上海

# 目　录

# 俄罗斯传统园林概述

Общие сведения русского классического искусства садов и парков

俄罗斯位于欧洲东部和亚洲北部，北邻北冰洋，东濒太平洋，西北临波罗的海芬兰湾，是世界上领土面积最大的国家。俄罗斯人的祖先为东斯拉夫人罗斯部族。公元988年开始，东正教从拜占庭帝国传入基辅罗斯，由此拉开了拜占庭和斯拉夫文化的融合，并最终形成了占据未来700年时间的俄罗斯文化。

图1.1

图1.2

图1.1 俄罗斯园林的起源——早期的圣像画中描绘的带有装饰性的修道院庭园（约1670年）

图1.2 洞窟修道院内的教堂和花圃

1

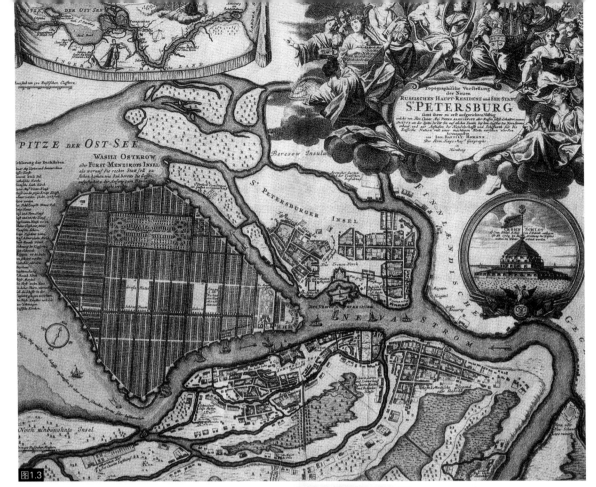

图1.3 俄国新首都圣彼得堡平面图（18世纪初）

图1.4 圣彼得堡十二月党人广场上的彼得大帝青铜雕像

图1.5 圣彼得堡滴血教堂

2

　　根据现有的相关文献，俄罗斯园林历史的开端要追溯到远古时期。公元前5世纪，希腊历史学家格罗多特（Геродот）曾提到过位于第聂伯河（р.Днепр）下游的花园。11世纪时，年史编撰者聂斯多尔（Нестор）曾形象地描绘过基辅——佩乔尔修道院（Киево—Печорский маностырь）中的苹果园〔该修道院于1051年由亚罗斯拉夫·木德雷（Ярослав Мудрый）所建〕。

　　中世纪的俄罗斯很流行修道院花园，花园里栽种有花圃。11世纪时几乎每个修道院中都有花园，花园里面主要栽培的是果树。当时的花园平面结构和植物种植往往受到《圣经》的影响，有些修道院还带有圣林，强调装饰性与实用性的结合。

　　距离俄罗斯西部城市普斯科夫（Псков）以西50公里处的洞窟修道院是少数几座留存至今的中世纪修道院之一。沿着爱沙尼亚边境，密林深处的幽谷之中，卡缅涅兹河蜿蜒而过，洞窟修道院低调地掩映在高高的岸坡与石头垒砌的围墙间。设在入口拱门上面的一座供奉着巨大神龛的塔楼雄伟而华丽，而在沟谷底部，圣母升天大教堂的五个圆顶如同奇异的花朵般伸展出来。在这些古老建筑围合而成的庭园空间内，人们至今可以看到略带装饰性的花圃、草地和密植的小树林。

图1.6　圣彼得堡冬宫
（艾尔米塔什博物馆）

图1.6

图1.7　圣彼得堡市中心的喀山大教堂

图1.8　圣彼得堡宫廷广场

12世纪下半期，由安德烈·伯格柳布斯基（Андрей Боголюбский）所建的花园是当时的首批花园之一，这座花园坐落在距弗拉基米尔城区（Владимир）11公里，涅尔利河（р.Нерль）与克利亚季马河（р.Клязьма）的交汇处。苏兹达里（Суздаль）、弗拉基米尔、穆洛姆（Муром）、维亚兹尼基（Вязники）以及其他城市最初建造花园时都以这座花园为样板。

14世纪初，莫斯科的园林开始发展起来：麻雀山（现列宁山）的山坡上，莫斯科河旁建起了大主教阿列克谢的花园。15世纪的文献中还记载了莫斯科所建的其他园林，如捏格林河（р.Неглин）上游的格列布科夫花园（Глебков）、马卡尔耶夫斯基花园（Макарьевский сад）、捷列霍夫花园（Терехов）、加里加耶夫斯基花园（Гальтяевский сад）和契恰格夫花园（Чичаговский сад）。与此同时，十五世纪的基辅（Киев）、库尔斯克（Курск）、奥廖尔（Орёл）、图拉（Тула）均出现了花园。

图1.9

莫斯科大公伊凡三世（Иван III，1462-1505年在位）极其关心园林的发展。1495年，伊凡三世下令拆毁教堂和莫斯科河右岸莫斯科城对面的建筑物，并于此地修建了华丽的花园，一直到17世纪末，此花园一直都以查里津诺（Царицына）的名字存在于世。15世纪中期，伊·帕尔帕罗（И.барбаро）在他的俄罗斯游记中记述了环绕克里姆林宫的小树林。

16世纪，麻雀山的南坡上仁立起了上花园和下花园。几乎是在同时，出现了克鲁吉茨—维尔多格拉特花园（Крутицкие вертограды），该花园由大主教巴甫洛夫所建，以其花圃以及独具效果的水池而著称。这一时期莫

图1.10

图1.11

图1.9　圣彼得堡彼得保罗要塞

图1.10　圣彼得堡斯莫尔尼修道院

图1.11　圣彼得堡瓦西里岛一景

5

图1.12　圣彼得堡街头
的林荫道

图1.13　幽静的夏花园

斯科出现了众多花园，包括普列斯尼亚（Пресне）的普罗佐罗夫园（Прозоровсий сад），新圣母修道院的多尔格鲁科夫园（Долгоруков），哈莫夫尼克（Хамовник）的拉布希园（Лопухинной сад），苏谢沃（Сущеве）的阿尔哈洛夫园（Архаров）等等。除此之外，比较著名的还有莫斯科郊外的库德林主教园（Кудринский патриарший сад），特洛伊彩—谢尔盖耶夫园（Троице Сергиевский сад），麻雀园（Воробъевский сад），莫斯科—顿河园（Московско—Донской сад）等等。

据1701年的统计，当时莫斯科及其城郊共有43座皇家花园。1635年，在阁楼宫旁专门为沙皇米哈伊尔·菲得洛维奇（Михаил Федоровича）的儿子建了一座花园。这一时期，莫斯科还有药物园，该园位于现今亚历山大园的位置。沙皇阿列克谢·米哈伊洛维奇（Алексей Михайрович）在位时期最恢宏的艺术花园是伊兹麻伊洛夫园

图1.13

（Измайлов），园里栽种了所有可能种植的果类植物和药用植物，还有葡萄树。装饰花园中仿佛融入了未经雕琢的自然风景。后来，这个花园成为了彼得一世在国内其他城市建造花园的范本。此外，克里姆林宫里有一些高空室内花园，这些花园因其美丽而被称作"红花园"（Красный сад）。17世纪，"红花园"广泛地流行于贵族以及高等牧师的庄园中。

莫斯科现存的宫殿园林建筑群中不得不提的还有科洛缅斯克（Коломенск）。有关该园的记载可追溯到1328年伊凡·卡里特（Иван Калит）的遗书中：先是16世纪沙皇瓦西里三世（Василь III）统

治时期，后来到了伊凡雷帝（Иван Грозный）统治时期，在科洛缅斯克里进行了大规模的建造工程——在莫斯科河的高岸上建起了一座宽敞的规则式园林。

早期的俄国贵族庄园中也有幽雅的园林，多以实用为主。庄园除了主体建筑和附属建筑，还有菜园和果园，有些庄园还附带水池，甚至装饰感很强的亭子。

公元1703年，随着北方之都——圣彼得堡（Санкт-Петербург）在涅瓦河三角洲的建立，彼得大帝（Петр I，1689-1725年在位）亲自开启了俄罗斯传统园林的西化进程，俄罗斯园林史揭开了空前繁荣的篇章。诞生于涅瓦河边的夏花园（Летний сад）开古典主义先河，成为俄罗斯园林史上第一座规则式花园，实现了俄罗斯园林从强调实用功能向注重装饰性、娱乐性的转变。但区区11.2公顷面积的夏花园并未让醉心于法国古典主义园林（勒诺特式园林）的彼得大帝感到满足，在他亲自指导下，将凡尔赛宫苑以巨大尺度进行移植，在圣彼得堡郊外的波罗的海芬兰湾岸边建造了空前辉煌的彼得宫（Петергоф）和斯特列利纳（Стрельна）宫殿园林建筑群。这一时期，俄罗斯从欧洲各国聘请了大量园艺师，加入到新首都的规划建设中，并且成立了为皇室培养造园和花园养护人才的学校。

彼得宫始建于1709年。建筑师Ш· 柏拉乌史坚（Ш. Браунштейн），Ж·Б· 勒布隆（Ж. Б. Леблон），Н· 米凯基（ Н. Микетти）等参与了这座举世无双的园林建筑群的

图1.14　彼得宫上花园
中轴视线

图1.14

图1.15 彼得宫上花园
入口处花境

建造工作。

宫苑包括两部分：面积15公顷的上花园和面积102公顷的下花园。宫殿与大海之间的地势落差约为40米。上花园的建筑布局严守规则式风格。上花园总体布局结构中的特别之处是其丛林系统，丛林的轴心与宫殿的轴心重合，而"海王"喷泉则是布局结构的中心。上花园的入口处分布着规则的花坛，而宫殿前面的风景小广场上有两座喷泉——"方形"喷泉和"橡树"喷泉。

马尔里宫（Марли）、蒙普列吉尔宫（Монплезир）和博物馆（艾尔米塔什，Эрмитаж）都位于下花园。下花园的布局结合了三组各由三条林荫道形成的射线结构。其中，中心射线是沿着宫殿与大海之间的轴心，从马尔里宫开始通到蒙普列吉尔宫。这种将相互交叉的三射线结构相结合的布局在园林史上是绝无仅有的。这些射线形林荫路创造出了多种远景，其中最令人印象深刻的便是宫殿至大海的远景。

此后，沙皇又在圣彼得堡郊外的皇村（Царское Село）建造了叶卡捷琳娜园和亚历山大园，在罗蒙诺索夫（Ломоносов）建造了气势恢宏的奥拉宁鲍姆宫殿园林建筑群，这两处园林都是规则式和自然风景式相结合的艺术作品。

而在莫斯科，18世纪众多俄罗斯达官贵人在自己的庄园中也建起了园林宫殿群，其中包括著名的库斯科沃（Кусково）、奥斯坦金诺（Останкино）和阿尔汉格尔斯克（Архангельское）。

8　　　　谢列梅捷夫（Шереметьев）家族的领地——库斯科沃庄园由规则布局的中心核

组成，四周围绕有风景绿地。宫殿前面是大水池和小岛，一条运河在其后方沿着宫殿轴心直到绿地的尽头，最后以一条华丽的梯形急流结束。宫殿的对面是一座规模宏大的池座，池座直到温室处结束。规则式花园里有一座雅致的艾尔米塔什宫，不大的水池岸上是一座假山洞，假山洞不远处是意大利屋和可容纳100个坐席的露天剧院。装饰有众多雕塑和花坛，并以草坪为背景的池座三面围着绳索和杠杆。

谢列梅捷夫家族的第二处领地——奥斯坦金诺庄园是Ф·Л· 阿尔古诺夫（Ф.Л.Аргунов）和Ф·Л· 米罗诺夫（Ф. Л.Миронов）运用规则式手法建造而成的，其中包括了一座大宫殿和宫殿前面的剧院；剧院池座两面有两片不太大的风景林区。庄园右部区域上分布有小山，小山上还有凉亭。园内笔直的中心林荫路通向水池。

阿尔汉格尔斯克庄园位于距莫斯科23公里处。还是在16世纪之时，在莫斯科河的高岸上出现了一座不大的村落，这座村落的所有人是大贵族А·И· 乌波罗茨基（А.И.Уполоцкий）。村子里建有一座木制教堂。1703年，阿尔汉格尔斯克庄园转到了彼得一世的战友Д·М· 格里奇（Д. М.Голицин）手中。新建房子的窗户向外正对着当时很流行的法国公园。毫无疑问，凡尔赛宫、夏花园、彼得宫都影响了此园的布局。根据保留下来的1767年的平面结构复制图，其规则式布局的基架是栽种着枫树和椴树的方形丛林。

图1.16　圣彼得堡街心公园

图1.16

图1.17

图1.17 彼得宫上花园
一角

阿尔汉格尔斯克庄园是19世纪初莫斯科最杰出的古典主义作品之一。其所有人Н·А·格里奇决定建造独具风格的莫斯科郊外凡尔赛宫，并邀请了意大利建筑师贾科莫·特拉姆巴罗（Джакомо Тромбаро）来设计公园，后者1779年来到俄罗斯，并于1784年被选为俄罗斯艺术院院士。1810年阿尔汉格尔斯克庄园到了伯爵Н·Б·尤苏波夫（Н. Б.Юсупов）之手，Н·Б·尤苏波夫在此收集了许多艺术藏品，公园中安放了大约上百个雕塑作品。著名的莫斯科建筑师П·И·波夫（П. И.Бов）、Е·Д·秋林（Е. Д.Тюрин）、С·П·梅里尼科夫（С. П.Мельников）、В·Я·斯特列热诺夫（В.Я.Стреженов）等参加了庄园建筑群的设计建造。当时，受到巴甫洛夫园的影响，规则式公园周围的半圆形区域被建成了自然式风景区，栽种了小树林，这在1829年的平面图上还清晰可见，并保存至今。园林从宫殿的台阶处展现出奇妙的景色，梯台池座一层一层向下延伸，相应地远景也伸向远方。虽然规则式公园相对来说并不是很大，但是在广阔的敞开远景的作用下看上去却很开阔。

在乌克兰（当时隶属沙俄帝国版图），园林艺术的大发展期同样是在18世纪，大多数花园呈规则式风格。现今的基辅，"五一"花园（Первомайский парк）是史上最古老的花园之一。"五一"公园于1735年竣工，这座位于风景区的花园是当时俄国南部最美丽的花园之一，花园里装饰有雕塑、喷泉、建筑物，还有一个蔷薇花坛。

18世纪下半叶的规则式园林中比较重要的作品是拉祖莫夫斯基伯爵（Разумовский）的波切普花园（Почепский сад），此园是按照艺术科学院建筑学教

图1.18

授杰拉莫塔（Деламотта）的设计而建的。另一个出色的园林艺术典范是占地600公顷的大型园林梁里切斯基园（Лялический сад），此花园建于1792年，虽然建园之时扎瓦多夫斯基伯爵（Завадовский）属意建造一座规则式园林，但是花园的绝大部分还是建成了风景园。

规则式园林布局的关键是其整体性，亦即尽力将公园的每个部分与相邻部分联系到一起，使人们能从任何一个特定点出发，看到的每一区域都是一个独立的整体。

图1.18 彼得宫壮丽的运河中轴线直抵芬兰湾

图1.19 彼得宫棋盘山前的林荫大道

图1.19

图1.20 彼得宫丛林树影

图1.21 彼得宫深秋落叶

图1.20

图1.21

清晰的比例、对称的划分、特定的布局节奏以及规则型的观赏元素（如贮水池、喷泉、凉亭等等）将建筑布局突显出来。18世纪上半叶的俄罗斯园林正是遵循了这种严格的规则，在园林里几乎全部栽种了整排的树木以及修剪过的灌木林带。尽管总体布局遵循了严格的规则，但是规则式公园却并不单调，在台地、斜坡、露天草坪的处理上，都能领略到设计师所追求的高雅与简洁之感。统一的布局轴心和创造出

图1.22 斯特列利纳一景

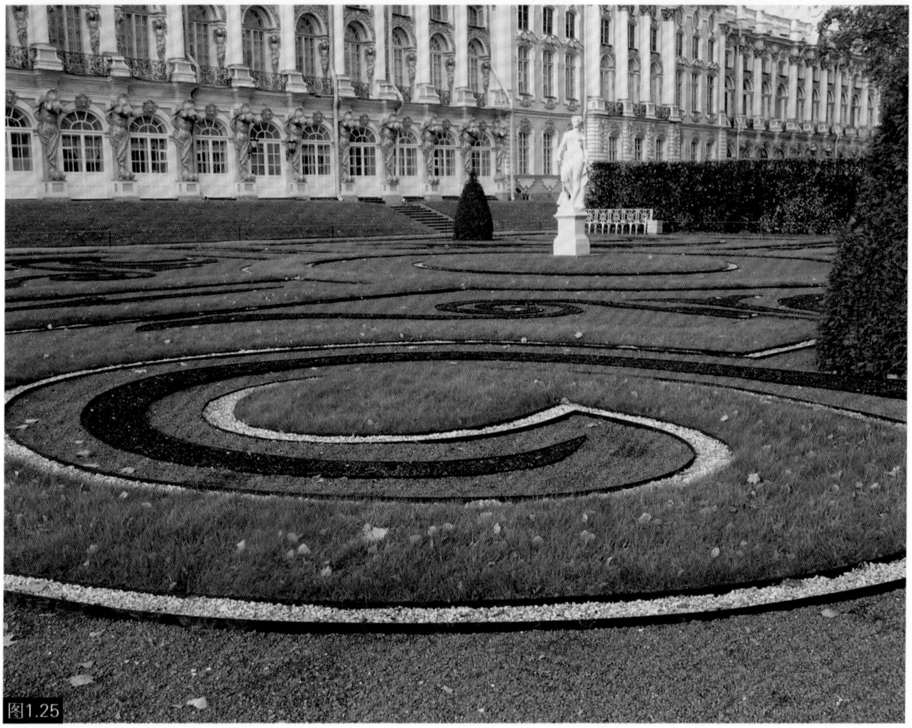

图1.23 斯特列利纳改造后重新铺设的沥青路面

图1.24 皇村——叶卡捷琳娜宫

图1.25 皇村——叶卡捷琳娜宫前的模纹花坛

图1.26

图1.26 皇村——水池、
疏林与宫殿形成三重景深

来的延伸远景是建造规则式公园最具表现力的手法。

与奥地利和西班牙等地形较为起伏的欧洲国家不同，俄罗斯的规则式园林与法国勒诺特式园林有着较高的契合度，有的甚至在选址和空间感上更胜一筹，这得益于造园家们对场地的准确把握和对当地植物材料的熟练运用。俄罗斯的规则式园林尺度巨大，气势宏伟，壮丽的中轴线以运河的形式从宫殿通向大海，具有深远的透视线和辽阔的空间感。植物装饰也有着高超的艺术水准，金碧辉煌的宫殿室内装饰和制作精湛的雕塑与喷泉都极具震撼力。

就在法国古典主义园林在俄罗斯的艺术实践趋于成熟之后的18世纪中叶，俄罗斯园林进入百年自然风景园运动。

彼得大帝去世后，俄国屡次发生宫廷政变，皇位更迭频繁，国家政局的动荡影响了园林的进一步发展，直至女沙皇叶卡捷琳娜二世（Екатерина Ⅱ，1762-1796年在位）即位，俄罗斯的园林建设才有了新气象。叶卡捷琳娜二世在位期间兴办各类学校，提倡文学创作，对资本主义工商业的发展采取鼓励的政策，取消对贸易的限制等；对外通过一系列战争，进一步扩大了俄国版图，引领沙皇俄国再次进入强盛时期，这在客观上为俄罗斯园林的发展奠定了经济和社会基础。

与彼得大帝相比，叶卡捷琳娜二世称得上是一位较为开明的君主，她早年曾研习过许多西欧启蒙思想家的作品，即位之后与伏尔泰有过密切的书信联系，还曾资助过狄德罗。在她影响下，俄罗斯出现了许多用自己的头脑独立思考问题的自由知识分子，俄国上流社会也弥漫着相对宽松自由的空气。叶卡捷琳娜二世执政时期，正值英国风景园风靡欧洲大陆，它的影响逐渐传播到俄罗斯；与此同时，来自东方的自然山水园通过俄国使者从中国带回的画册和工艺品以及大量文字描述为民众所熟知并产生兴趣，"中国趣味"成为当时园林中不可或缺的时髦艺术元素。这一时期俄国的文学和风景画也都偏爱歌颂俄罗斯的大自然，歌颂草地、田野以及森林之美。在此背景下，加之女皇本人对规则式花园的厌恶以及对英国风景园的推崇，导致她最终下达了对圣彼得堡郊外的皇家规则式园林进行自然式改造的命令。

图1.27　皇村——雕像与红叶相得益彰

在俄罗斯自然风景园运动中，造园家兼理论家A·T·博拉多夫（A.T. Болотов，1738-1833）极大地影响了俄罗斯园林建筑的特点和发展。他的许多花园历史、园林建造以及观赏园艺方面的文章成为了当时园林建筑师们的主要教程。1776年起，博拉多夫在图拉总督管辖区管理一块叶卡捷琳娜二世买下来的区域。这一时期，在博戈罗茨克17世纪的要塞位置上建造了一座新的宫殿，A·T·博拉多夫则在宫殿周围建造了一座华丽的园林。这座园林当时被看成是整个地区的奇迹。在加特契纳宫殿博物馆中至今仍保留着两幅描绘此园场景的画作。根据图画所绘，这是一座浪漫主义风景园。但令人遗憾的是，至19世纪上半叶，此园以及园中建筑已荡然无存。

图1.27

在A·T·博拉多夫作品的影响之下，18世纪末的俄罗斯庄园中出现了许多新的纯天然的美丽花园。

俄罗斯自然风景园的发展可以分为两个阶段：建造浪漫主义公园和现实主义公园。

第一阶段是风景园的发展期，在此阶段大自然被强烈地理想化了，园林中的自然景观通过浪漫主义时代下风景画大师们的杰出作品体现出来。

大师们将浪漫主义园林的内容处理成剧院的舞台场面（演出），而公园本身则变成了一系列依次变幻的图画，图画的装饰性主要建立在光照效果或者人工照明的基础上。

图1.28　皇村的中国亭

图1.28

从19世纪上半叶的后期开始，俄罗斯风景园逐渐开始摆脱浪漫主义和感伤主义的影响，公园景观变得更具现实主义风格。有鉴于此，植物直接成为了园林的主要元素。

到19世纪中叶，俄罗斯的自然风景园运动发展到顶峰，这一时期产生的重要作品包括经过多次改造的皇村内的叶卡捷琳娜园（Екатерининский Парк）（自然式园林部分）、加特契纳（Гатчина）、巴甫洛夫园（Павловский Парк）、蒙列波（Монрепо）、查里津诺（Царицыно）以及现乌克兰境内的索菲耶夫卡园（Софиевка）。

巴甫洛夫园将局部的规则式布局元素与自然式布局和谐地结合成为一个统一的系统，系统内承载着多样的部分，七个景区之间相互关联。而这个统一体既是一种体积——空间关系，又是一种布局关系。建筑布局方案是从园林外缘开始一直扩展到宫殿园的主建筑物。随着越来越靠近宫殿，路网变得越来密集，植被也增多了。因此并不是宫殿决定了公园布局。确切地说，这是自然植被在艺术上的完美结合，是自然植被开启了

图1.29

图1.29　诗意皇村

空间和艺术布局。

　　在巴甫洛夫园的影响下，俄罗斯新式的现实主义风景园建造了起来。圣彼得堡郊外的叶卡捷琳娜园，加特契纳；莫斯科郊区的查理金诺、戈连科（Горенко），库兹明克（Кузьмик）、贝科沃（Быково）、马尔费诺（Марфино）、格列布涅瓦（Гребнево）、沃罗诺沃（Вороново）、阿布拉姆次沃（Абрамцево）、苏哈诺沃（Суханово）；乌克兰的亚历山大园（Александрия）和特拉斯加涅茨（Тростянейкий парк）都体现了这种园林艺术趋势。

　　由于植物的地域适应性，19世纪下半叶的园林中充满了茂密的林木，它们当中有许多后来发展成树木园和植物园。然而，在这种情况下很难形成景观元素在艺术上的统一，当时的园林建筑师们也很关心这一问题。同样的问题也出现在了园林的花卉装饰上：花坛中用于制造复杂图案的地毯植物开始占据多数，并且出现了瓶饰和其他形式的装饰雕塑。

　　查理金诺是莫斯科郊外一组特别有趣的哥特式园林建筑群，它最初是叶卡捷琳娜二世的一处官邸，周围风景如画，沟壑与池塘遍布。1776-1785年，建筑师В·巴日诺夫设计结合地形规划建造了风格与色调统一的宫殿、骑兵学校、面包屋、歌剧屋、桥、大门等一系列建筑以及道路系统，并规划了统一风格的园林系统，在池塘中筑岛，利用高大乔木和低洼的地形所形成的视觉反差来丰富景观效果。1790-1793年，建筑师М·卡萨科夫对查理金诺进行了改造，新的宫殿位于大水池边，园林按自然式

17

图1.30

图1.31

图1.32

图1.30  皇村——叶卡
捷琳娜园秋景

图1.31  皇村——叶卡捷
琳娜园"鲁斯卡"阳台

图1.32  皇村——通向
卡梅隆长廊的石坡

规划，根据地形设置道路，园中配置了伊索亭、粮谷女神庙、鸟屋、小厨房等，在
峡谷上建设了步行小桥，但整个工程一直没有彻底完工，叶卡捷琳娜二世对这里逐
渐失去兴趣，后来这里成为王公贵族们的郊外休养地。独特的景观和富有特色的建
筑使查理金诺多次在俄国的文学作品中出现。

库兹明克庄园的主人是企业家斯特罗甘诺夫（Строгонов）。在250公顷广阔的区
域上，著名建筑师日利亚尔基（Жилярдь），格力高利耶夫（Григорьев）等建造了卓
越的宫殿园林建筑群。公园的特色是风景布局与规则式手法的有机结合，但是在公
园的布局结构中更多地追求将建筑物融入到风景中。

在乌克兰，18世纪末至19世纪初，自然风景式同样在园林建筑中占据了主
导地位。

索菲耶夫卡园位于乌克兰境内城市乌曼，面积127公顷，如今已成为国家树木园。

图1.33

索菲耶夫卡园分为五个区域，分别是主林荫道；下水池区；上水池区；原野区和露天剧场区（包括长209米的斯吉克斯地下人工河以及枯湖）。建造时期分为两个阶段：第一阶段：1796-1800年，艺术修养极高的天才园艺师扎连姆巴和工程师梅特茨里在没有预先制定详细规划的情况下，根据现场的复杂地形直接决定景观布局，设计建造了金星洞穴、大河谷、克里特斯迷宫、大瀑布、纪念碑等；第二阶段：1836-1859年，公园由战时居民点管理处管辖，这一时期俄罗斯建筑师马库京和建筑科学院士A·史塔坚史涅基日建造了中国亭、售货亭，改建了瀑布，在卡缅卡河畔修建码头和桥。1859年，公园转交给当地园艺学校管理。索菲耶夫卡园地形极富特色，既有悬崖峭壁，又有平地缓坡，卡缅卡河成为贯穿全园的一条轴线。园内修筑人工堤坝，建造了四个水库以保证周而复始的喷泉和瀑布景观。索菲耶夫卡园还是少数几个从没修建过宫殿的自然式园林之一。

图1.33 巴甫洛夫园——半人半马桥

19

图1.34

图1.34　巴甫洛夫园——
高大色叶乔木掩映下的
凉亭

图1.35　巴甫洛夫园——
花坛前的树阵

图1.35

这一时期的乌克兰风景园中值得一提的还有亚历山大园、阿鲁普金斯基园（Алупкинский парк）和特拉斯加涅茨园。其中，著名的特拉私家涅茨基园始建于1834年。公园建在平坦的草原上，是景观重塑的杰出典范，当时草原上建有风景园，其中有许多人工小丘、峡谷、河谷和湖泊、水池。

图1.36

俄罗斯传统园林中特别值得一提的还有公共园林。在俄国，公共园林和宫殿园林、私人庄园几乎同时出现。俄罗斯古代城市里存在有公共绿地，主要是以林荫路形式出现。根据卡拉姆金的记述，1469年，诺夫哥罗德（Новгород）的斯拉夫科街（Славковая улица）上栽种着杨树。1775年，叶卡捷琳娜二世在《莫斯科规划方案》中批准了城市绿色植被的建造。按照此方案，沿着白城和地城建造林荫路：特维尔（Твер）、斯特拉斯特（Страст）、尼基金斯克（Никитинск）等等。其中，特维尔是莫斯科最古老的林荫路，它始建于1796年。1820-1823年，克里姆林宫旁建造了花园。花坛、喷泉、贮水池、小河以及雕塑装点了周边的林荫路和公共花园。在

图1.36 巴甫洛夫园——小石桥

图1.37 加特契纳——洒满落叶的林荫道

图1.37

当时的城市花园中，最受市民欢迎的是列法尔多夫斯基宫殿花园（Лефортовский сад），还有普列斯涅斯基水池（Пресненский пруд）旁的花园。

就这样，自彼得大帝时期开始，俄罗斯园林依靠全面移植西方模式而迅速走向繁荣，并在理性借鉴外来经验的基础上逐步走向传统造园艺术的自我完善和成熟。

纵观俄罗斯园林的发展历程，俄罗斯园林几乎经历了西方园林史发展的各个阶段，并且每个阶段都有其代表性的作品，但相对而言俄罗斯的自然风景园更能体现其对于自然文化和乡土文化的认同。

俄罗斯是一个森林覆盖率很高的国家，传统上的欧洲部分地形以平缓的平原为主，湖泊和沼泽遍布。俄罗斯的自然风景园对自然景观的干预程度比较低，人工痕迹较少而野趣横生。它们大都选址在城郊，在天然森林中僻出空地，建造气势宏伟的宫殿；在辽阔的水面中筑岛并根据实际地形考虑空间结构和道路规划；主园路的面层大都铺设透水的沙砾，这与中国传统园林中砖石材质的铺装有很大不同；以自然景观为基础，营造丰富的空间；建筑的设置根据风景画构图的原理，强调与周围自然景观的协调。和欧洲其他一些国家一样，俄罗斯自然风景园在发展中并没有完全摒弃规则式的园林布局，如在叶卡捷琳娜园和巴甫洛夫园中许多规则式花园区域在多次改造中得到保留。

图1.38 巴甫洛夫园—友谊亭融于疏林景观

俄罗斯地处高纬度地带，气候寒冷，欧洲许多园林绿化树种在俄罗斯园林中的

图1.38

图1.39

运用受到限制，而乡土树种如白桦、椴树、云杉、冷杉、落叶松等得到大量运用，形成了富有俄罗斯特色的植物群落景观：根据植物地带性分布特点，地处寒温带的俄罗斯植物群落的层间结构比较单纯，俄罗斯风景园中的植物景观明显呈现乔-草结构模式，灌木层较少，主要是纯林或疏林，季相变化显著，空间对比突出，并且有较完整的林下空间，且在种植形式上呈现一定的韵律感，因此在视觉上较为震撼。其中，纯林景观注重空间的顶部围合与林间、林下空间的塑造，不同植物形成的纯林是其特殊性的重要体现：有的纯林林下通透舒适，适合林间漫步；有的纯林林下开敞，提供良好遮荫；有些纯林则致密难以进入，但其立面往往竖向线条明显，景观效果显著。疏林景观的树木之间距离比较大，乔木呈现散点式布局，头顶空间通透、开敞，并有一定遮荫面积，其作用和凉亭设施比较接近。这类植物景观结构模式在俄罗斯传统园林中运用比较普遍。

苏联时期，城市公共绿地面积大幅增加。1927-1928年，苏联524个城市的平均绿地面积为9247公顷；到第二个五

图1.39　加特契纳如画般的风景

图1.40　加特契纳—已经生锈的小平桥

图1.40

图1.41

图1.41　加特契纳园内的自然式风景

年计划初期，这524个城市的平均绿地面积达到了16721公顷；1941年1月，苏联的544个城市的平均绿地面积已达24655公顷，按照人均计算，当时每个城市居民可享受6.8平方米的绿地，而这其中，俄罗斯传统园林艺术对苏联园林的建设风格产生了深远影响。

# 夏花园 Летний сад

夏花园位于圣彼得堡市区，面积11.2公顷。它始建于1704年，是圣彼得堡历史上的第一座园林。园址四面环水：北临涅瓦河（p. Нева）、南抵莫伊卡河（p. Мойка）、西靠天鹅运河（Лебяжья канавка）、东依喷泉河（p. Фонтанка），形成一个独立的岛。

18世纪初的夏花园规划区域包括4个部分，第一和第二部分即现存的夏花园（11.2公顷），第三部分即今天的米哈伊洛夫斯基宫廷花园（Сад Михайловского дворца，10公顷）和马尔索沃教场（Марсово поле，9公顷），第四部分是意大利花园（Итальянский сад，11公顷）。

夏花园作为沙皇的一处避暑寓所，其规划图纸最初由彼得大帝亲自参与绘制并主持建设，历经多年才得以完工。它的设计师还包括建筑师

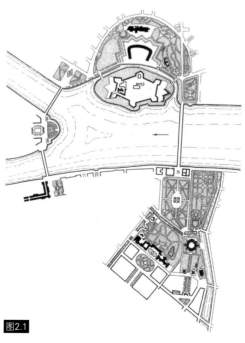

图2.1

图2.1　圣彼得堡历史中心区的园林系统布局平面

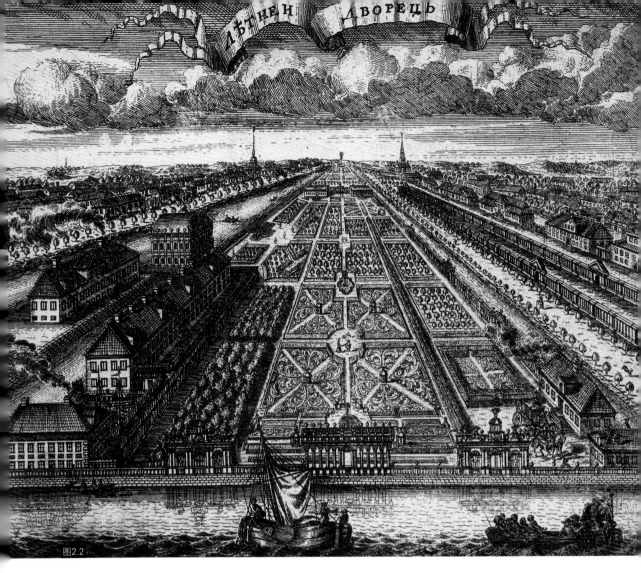

图2.2

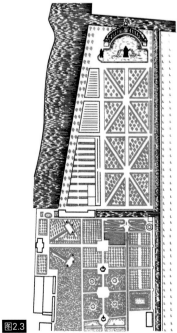

图2.3

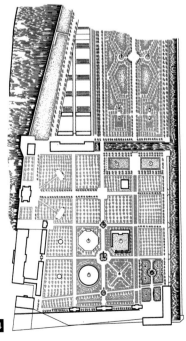

图2.4

图2.2 夏花园鸟瞰图
（1716-1717年）

图2.3 夏花园设计平面
图（1714-1717年）

图2.4 夏花园实测平面
图（1723-1725年）

26

伊万·马特维耶夫（Иван Матвеев）、扬·罗森（Ян Роозен，规划设计图纸）、М·杰姆索夫（М. Земцов，最终实测图纸）以及Д·特列基尼（Д. Трезини，夏季宫殿设计者）。1716-1717年，彼得大帝邀请法国著名风景建筑师勒布隆（Ж.Б.Леблон）为夏花园再次做过一个规划，但由于种种原因并未付诸实施。

三百年来，尽管当时的面貌发生了变化，但夏花园最初的规划格局大体上还是保留下来了：花园被纵横交错的林荫道和小路划分成若干个方块，块状园地以绿篱围绕，内设花坛、小凉亭或喷泉；园中栽植了成片的椴树林、云杉林、橡树林等，并在最大的方形地块上设计了以伊索寓言为主题的迷园；迷园两侧为修剪植物形成的绿墙，绿墙的壁龛内共有32个喷泉；中央林荫道成为明显的中轴线从涅瓦河畔一

图2.5　1800年的夏花园

图2.6　1818年的夏花园

图2.7　1810年的夏花园

图2.7

图2.8 喷泉河畔的夏季宫殿

图2.9 雕像1

图2.10 雕像2

图2.11 克雷洛夫雕像

直延伸至莫伊卡河；莫伊卡河边的入口广场设有大理石水池；中央林荫道以及各园路交叉口的小广场上布置了一系列喷泉。18世纪末，夏花园内的喷泉大约有50处之多。

岩穴是18世纪规则式花园的显著特征之一。夏花园内的岩穴位于喷泉河畔，它由3个厅构成，以拱形通道相联通。岩穴正面为装饰列柱，冠

图2.12　雕像3

图2.13　雕像4

图2.14　雕像细部

图2.15　涅瓦河边主入口处雕像及铁栅栏

以高高的圆顶。沿着岩穴的围栏，布置了"花神"、"和风"、"幸运"、"航海"等大理石雕像。厅内镶嵌着各种凝灰岩、贝壳、碎玻璃、装饰雕塑以及各种喷泉。其中，中央大厅的海王雕像喷泉喷水时，设于水中的装置会发出悦耳的乐声，这是源自对意大利水剧场的借鉴。

　　如珠宝般散落在夏花园内的一尊尊雕像多出自意大利威尼斯的著名雕塑家们之手，他们包括П·巴拉塔（П. Баратта，创作了"司法、仁慈、光荣、航海"雕像）、Д·伯纳查（Д. Бонацца，创作了"晨、午、夜"雕像）、А·塔利亚-彼得拉（А. Талья-Петра）等。雕像以古希腊古罗马寓言中的神话人物为主。1736年记载的夏花园中的意大利雕像数量为200尊左右。

　　夏花园内植物材料的选用，以圣彼得堡本地树种为主，此外还有来自诺夫哥罗德、沃罗涅日、基辅及荷兰的椴树，来自汉堡的板栗，来自吕贝克湾的丁香，来自索利卡姆斯克的雪松和冷杉，来自荷兰的郁金香，来自纳尔瓦河的百合，等等。

　　1855年，俄国寓言作家克雷洛夫（И. А. Крылов）的纪念雕像在夏花园内落成，这是著名雕塑家克洛特（П. Клодт）的作品。雕像摒弃了以往常用的寓意性人物，

29

采用现实主义手法塑造了手捧书本安坐于椅上的作家形象，雕像基座上饰有以寓言人物为内容的浮雕。

1877年，圣彼得堡经受了前所未有的暴风雨袭击，位于涅瓦河畔的夏花园受到严重毁坏，于今保留下来的部分多为灾后重新修复的。

夏花园作为一处沙皇官邸和上流社会聚会娱乐的场所一直延续到19世纪20年代，它深受沙俄贵族文化的滋养，高贵而典雅的气度与生俱来并多次出现在俄国作家如普希金、阿赫玛托娃等人的文学作品中。自1824年起，这里成为一处向普通市民开放的城市公共花园，直至300多年后的今天，夏花园里依旧绿树成荫，浪漫幽静。

任何一部西方园林史论专著中，有关俄罗斯园林的章节，都会提及夏花园。夏花园是俄罗斯园林史上一个重要的转折点，正是从它开始，俄罗斯园林逐渐脱离中世纪宗教园林追求实用功能的倾向，和法国古典主义园林一样，开始强调装饰性和娱乐性，从而成为世界园林艺术史上一个非常精致的部位，并由此开启了18世纪上半叶俄罗斯规则式园林（勒诺特式园林）的辉煌篇章。

图2.16　晨曦

图2.17　入口处花坛及中央林荫道

图2.18　夏花园秋景

图2.19　园椅

图2.16

图2.17

图2.18

图2.19

图2.20

图2.21

图2.22

图2.23

图2.24

图2.20　5月的夏花园

图2.21　铁栅栏

图2.22　细部

图2.23　落叶

图2.24　装饰围栏细部

31

图2.25　主入口正对涅瓦河

图2.26　夏花园深秋

图2.27　晨雾

# 彼得宫 Петергоф

彼得宫即夏宫，始建于1709年，自1714年起大规模兴建，是沙皇夏季避暑的行宫。彼得宫坐落在圣彼得堡郊外芬兰湾畔的一处高地上，距离彼得堡市区29公里，它的建成象征着沙皇俄国在北方战争中打败瑞典，夺取了波罗的海出海口，从而成为欧洲强国的荣耀。正如风景画家A·别努阿（А. Бенуа）所写："人们常常将彼得宫与凡尔赛相媲美，但是这却是一种误解……实际上是大海赋予了彼得宫独特的性质。彼得宫仿佛生于大海的泡沫之中，仿佛被强大海王的威严所召唤，唤醒了他的生

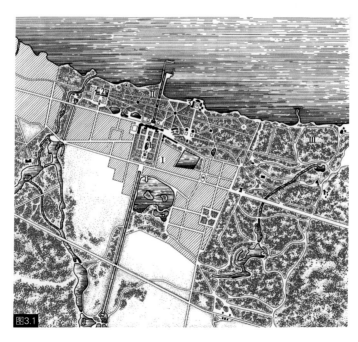

图3.1　彼得宫总平面图（Ⅰ上花园　Ⅱ下花园　Ⅲ亚历山大园　1.宫殿　2.马尔里宫　3.蒙普列吉尔宫）

33

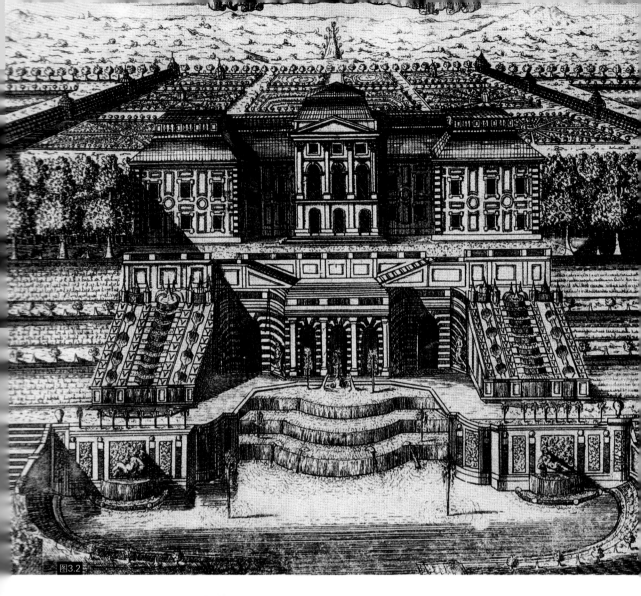

图3.2

图3.2 彼得宫中心部分
立面图（1716–1717年）

图3.3 彼得宫中心部分
平面图

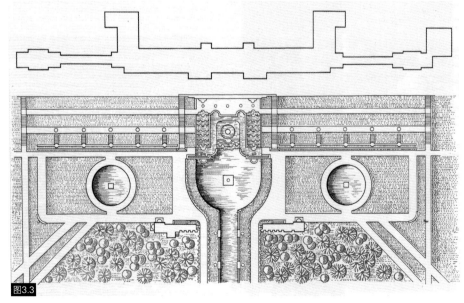

图3.3

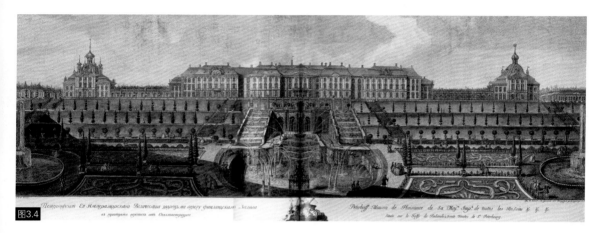

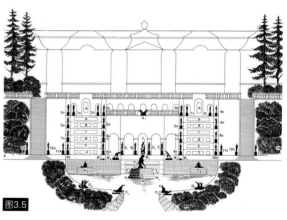

命……彼得宫里的喷泉并不是附属品，而是主要部
分。喷泉象征性地表现出了一个水中帝国，大海中
无数的浪花飞溅而起，在芬兰湾海岸徘徊。"

在分析彼得宫的造园艺术之前，首先需要对其
周边状况进行探究。在波罗的海芬兰湾南岸高耸
的海阶地上，曾在彼得罗夫时代就建起了圣彼得
堡到喀琅施塔得的路，这条路曾取名彼为得戈夫
（Петергоф）。沿着这条路的北面，根据彼得一世的
一条特殊的命令，划拨了一批土地用来建造宫殿，
每一区域都配有出海口。这些宫殿的正面，包括带
有花坛、喷泉、雕塑的检阅场均面向彼得戈夫路展
开。在道路的南面，建造工程受到了禁止，因此这
里保留了森林保护区。于是，围绕着彼得戈夫路形

图3.4 彼得宫立面图　　图3.6 蒙普列吉尔宫规
（1759-1761年）　　划图（1772年）

图3.5 大水法中的雕像　　图3.7 马尔里宫规划图
配置　　　　　　　　　（1774年）

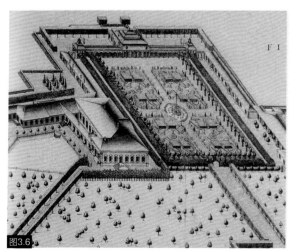

图3.8

图3.8　19世纪初的大瀑布及"参孙"雕像

图3.9　19世纪中期的蒙普列吉尔宫

成了一系列精致的规则式园林建筑群，它的美足可以媲美巴黎到凡尔赛的皇后路。18世纪上半叶，这里建造了一系列俄罗斯最卓越的规则式宫殿园林建筑群——彼得宫、斯特列利纳、奥拉宁鲍姆等，为的是强调彼得一世领导下的沙俄帝国是当时欧洲最强大的国家之一。在这些宫殿园林建筑群的构造布局方案中可以发现许多共同的特点：在建造宫殿时都利用了上游的海阶地，宫殿因此便成为了建筑群的主导部分；都建造了地下通道和池座；都运用厅、馆、喷泉、雕塑或者芬兰湾海景来完成远景的建构；所栽种的植物主要是当地品种。在这些傍海而筑的尺度巨大的宫殿园林建筑群中，又以彼得宫最为著名。它的建成代表着18世纪俄罗斯规则式造园艺术的最高水准。

彼得宫的营建凝聚着包括彼得大帝在内的众多欧洲造园家的智慧，其园林

图3.9

的建造史可以大致分为2个基本阶段：1714-1725年——建造宫殿、园林、水系统阶段，该阶段参与的建筑师主要为Ш·柏拉乌史坚（Ш. Браунштейн）、Ж·Б·勒布隆（Ж. Б. Леблон）、Н·米凯基（Н. Микетти）等；1747-1754年——改造宫殿，填充侧路渠，修建上花园周围的围墙阶段，该阶段参与的建筑师是В·拉斯特列里（В. Растрелли）。

广义上的彼得宫，实际上是一个规模庞大的公园系统，它由上花园（Верхний сад）、下花园（Нижний сад）、英格兰园（Английский парк）、亚历山大园（Александринский парк）、卡拉尼斯基园（Колонистский парк）、草地园（Луговой парк）等部分构成，总面积近千公顷；而通常所指的彼得宫，一般仅包括上花园（15公顷）和下花园（102公顷）。

上花园是典型的对称规则式构图，其轴线是全园中轴线的延续，花园中央为海王喷泉，两侧对称分布着方块形丛林和花坛，在靠近宫殿的广场上还设置了"方形"和"橡树"喷泉。上花园和下花园之间是大宫殿，其正立面长达300余米，各大厅和正厅装饰得金碧辉煌，金銮殿、觐见厅、油画厅以及彼得大帝的橡木书房等都是建筑艺术的杰作。全园地形以大宫殿为界，陡然下倾形成台地，直至海边，高差约40米。自宫殿居高临下眺望波罗的海，视线极其开阔。

图3.10 19世纪初"艾尔米塔什"前的跌水

图3.11 下花园中央林荫道前方的马尔里宫（1804-1805年）

图3.12 马尔里宫和"金山"跌水（1805年）

图3.13 博物馆（艾尔米塔什）（1843年）

37

图3.14

图3.15

图3.16

图3.14  彼得宫鸟瞰图

图3.15  上花园

图3.16  上花园"橡树"
喷泉

38

下花园大体上由纵向的全园中轴线与3组放射形园路分隔而成大小不一的空间。中轴线穿过壮丽的大水池和大瀑布景观，以宽阔的运河直抵波罗的海，其两侧自大水池始分布着草坪和模纹花坛，草坪以北有围合的两侧柱廊，运河两侧则是嫩绿的草地。每组放射形园路又包含了3条林荫道，这些空间由交错的林荫道分隔形成丰富的小空间，创造出异常多样的透视效果，这种构图在以往的古典主义园林中还未出

图3.17　上花园喷泉小景

图3.18　上花园中央的"海王"喷泉

图3.19　"海王"喷泉

图3.20　彼得宫前中央轴线水渠

图3.21　"海王"喷泉近景

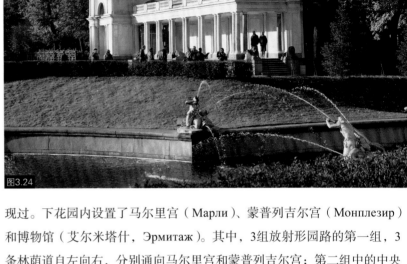

图3.22　彼得宫下花园景色

图3.23　从芬兰湾遥望彼得宫

图3.24　下花园大水法两边的柱
廊式凉亭

图3.25　彼得宫大水法

图3.26　彼得宫大水法——中心
金色喷泉雕像为大力士参孙

现过。下花园内设置了马尔里宫（Марли）、蒙普列吉尔宫（Монплезир）和博物馆（艾尔米塔什，Эрмитаж）。其中，3组放射形园路的第一组，3条林荫道自左向右，分别通向马尔里宫和蒙普列吉尔宫；第二组中的中央林荫道直抵亚历山大园，贯穿了整个下花园；第三组放射形构图始于棋盘山广场，向中央通向蒙普列吉尔宫，左边通向连接蒙普列吉尔宫和马尔里宫的林荫道，向右直至展览馆。

　　彼得宫最精妙处在于园内大小、造型各异的喷泉景观，而其中占据中央主导地位的是一组集雕塑、喷泉、建筑与园艺于一体的大瀑布景观，喷

泉水柱的结构与周边环境十分和谐。大瀑布景观构图的中心位置是巨大的参孙（传说中的力士和英雄）雕像，其造型是用双手撕开一头狮子的嘴，象征着俄罗斯帝国的力量，从狮子嘴中喷出高达20米的水柱，现存这组雕像是由科兹洛夫于1802年完成的。

在大瀑布景观身后的巨大水池，沿阶梯而上，聚集了成群的金色雕像，如女水神、丁香神、海豚、狮子、象征涅瓦河与沃尔夫霍夫河的雕像等，周围纵横交错的美丽水柱急速喷射，而在阶梯上，又耸立着各种瓶饰状喷泉。

图3.27　下花园喷泉

图3.28　下花园一侧的模纹花坛与意大利式喷泉

图3.29　鸟舍

图3.30　围栏细部

图3.31　下花园内丛林小景

图3.32

图3.33

图3.34

图3.35

图3.32 棋盘山

图3.33 "罗马"喷泉

图3.34 喷泉与花境

图3.35 过渡于上花园与下花园之间的自然式坡地

跌水沿阶梯汇入嵌有浮雕的水池，这些浮雕完成于彼得大帝时代，设计者包括拉斯特列里、瓦索、奥斯涅洛姆。大宫殿基座旁的巨大岩洞前，美丽的弧形水柱相互交错。此外，在水池两侧的模纹花坛和草坪中，建造了意大利式喷泉。

在主体阶梯式瀑布两侧，又各有2个小梯形瀑布。东侧是龙瀑布（棋盘山），西侧是"金山"瀑布。"棋盘山"瀑布建于下花园的一块自然阶地上。3条带有翅膀的龙张开大嘴喷出水柱，泉水沿着五颜六色的"棋盘"坡面流下。瀑布两侧装饰着18世纪意大利制作的大理石雕像。"金山"瀑布则是另一种形式，它以3个大理石台阶的花岗岩为底座。从隐藏在底座内的500多个喷水孔喷出的水柱形成了一个7层的方尖碑，令人印象深刻。另外，花园内还有许多其他样式的喷泉。如"太阳"喷泉，喷出的水柱落下时发出的潺潺声如窃窃私语，而散落的水珠突然发出的耀眼亮光也让人联想到太阳。

马尔里宫位于下花园西部，它以法国路易十四国王的马尔利列鲁阿宫为原型建造。中央林荫道自马尔里宫往东，在与大瀑布等距离处建造了亚当和夏娃雕像，雕像旁喷出12股强大的水柱。马尔里宫右侧的坡地上原先有杰姆索夫建造的"金山"和"马尔里"跌水，现已被花神、赫尔梅斯、文艺女神等一组新的古典雕像取代。

蒙普列吉尔宫完全建在海边，是一个一层的带有顶楼的建筑，两边连着镶有玻

42

璃窗的走廊，走廊内可以散步，可以观海，又能欣赏花园美景。蒙普列吉尔宫前是规整的荷兰式花园，其中央位置是"皇冠"喷泉，在构成花园的4个长方形花坛中，对称分布了4个雕像，雕像基座形成"水铃铛"。花园内的座椅也暗藏机关，预埋地下的水管会定期喷出水柱，让游人防不胜防。小花园对面还有两处呈中国伞和橡树状的趣味喷泉，当人走近时，伞的边缘和树上会留下雨水，逗人开心。

　　蒙普列吉尔宫前东侧不到1公顷的空地，建造了中国花园，内有小拱桥，花坛、置石、喷泉等小景，东方元素的生硬堆砌虽然在风格上与中国山水园相去甚远，但在某种程度上也迎合了当时俄国上流社会对中国文化的猎奇心理，于是也就不难理解在彼得宫内部厅堂与卧室的壁纸为何充满了中国风情了。

图3.36　"夏娃"喷泉

图3.37　草坪上的花境小景

图3.38　荷兰式花园"皇冠"喷泉

图3.39　中国花园一角

图3.39

　　蒙普列吉尔宫南面，以棋盘山为终点，延伸着宽阔的林荫道，两侧分布着罗马喷泉，创造出独特的和谐气氛。

　　自圣彼得堡市内的夏花园建成后，醉心法国规则式园林的彼得大帝并未感到满足。夏花园虽然幽静，毕竟缺少凡尔赛宫苑的宏伟气魄，彼得宫傍海而居，面朝芬兰湾，背依丘陵，皇家气度斐然。彼得宫的建设时期持续200年，华丽的宫殿、宽阔的台阶、修剪整齐的绿篱与规则式布局的小径，以及园内随处可见的艺术雕像和趣味喷泉构成了和谐的风景画面。在距离宫苑南约20公里处修建的供水系统，保证了园内大小数百处喷泉、跌水的周而复始，而这一点，就连凡尔赛宫苑也难望其项背。

　　彼得宫是法国古典主义园林（勒诺特式园林）在欧洲大陆的艺术实践趋于成熟之后，以巨大尺度在北方大陆进行移植的一次伟大尝试，是俄罗斯造园史上空前壮丽的皇家园林，也是俄国规则式园林的典范。纵观其建造历史，从宫苑立项、选址和总体规划，彼得大帝的个人意志起到了决定性的作用，他不仅亲自参与了首批建筑的设计和公园的建设，还和大臣们一起种花植树，这在很大程度上决定了彼得宫的风格，彼得大帝的历代继任者都非常重视彼得宫的建设和发展及其风格的延续，而以勒布隆为代表的欧洲各国造园家和建筑师的参与，则集中了当时欧洲首屈一指的造园技艺与艺术智慧。

　　彼得宫造园艺术之独到，其一是在平面总体构图上别具匠心，中央轴线与放射形园路交错纵横，形成极为丰富的空间感，同时又不失规则式园林应有的和谐与秩序；其二是在选址和地形处理上，彼得宫都比凡尔赛宫苑更胜一筹，利用坡地建造的水台阶和水渠，在金碧辉煌的雕塑和制作精湛的喷泉衬托下更具视觉震撼力，成功的选址让公园有了充沛的水源，保证了全园的水景用水，这无疑是借鉴了意大利台地园的经验，吸取了凡尔赛的教训。

# 斯特列利纳 | Стрельна

斯特列利纳宫殿（康斯坦丁宫）园林建筑群坐落在距圣彼得堡20公里的地方，总面积为140公顷，其中规则式花园的面积为40公顷，其早期的设计和建造都处于彼得大帝的监控之下。斯特列利纳建筑群曾被设想成为一座检阅官邸，以其宏伟、豪华以及极具思想性的处理来彰显俄罗斯帝国作为一个伟大的沿海强国的实力。

在综合考虑了近海、相对平坦的地形特点以及丰富的水资源等场地因素后，彼得大帝将作业区选在了沿海的斯特列尔卡（Стрелка）河岸上面。该项目总平面图的第一稿由彼得大帝亲自绘制，整个园林工程也是按照彼得大帝的指示进行的。弗·拉斯特列里（В. Растрелль）、日·勒布隆（Ж.Леблон）、斯·奇普里阿尼（С.Чиприани）、恩·米克特季

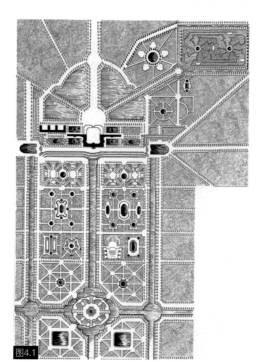

图4.1

图4.1 大宫殿区域平面图（1717年）

45

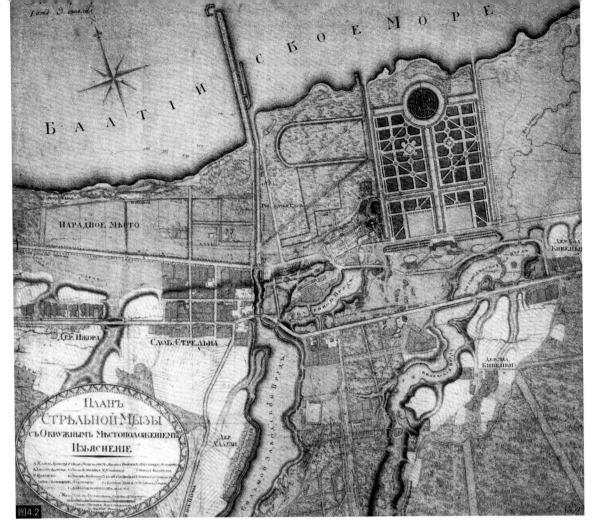

图4.2

图4.3

图4.4

图4.2 总平面图（1803
年）

图4.3 大宫殿（1833年）

图4.4 大宫殿（1841年）

46

（Н.Микетти）等参与了后续的具体规划设计。

　　1717-1719年期间，具体工程按照勒布隆的设计进行。场地局部原有的水渠是勒布隆设计的基础。按照设计，宫殿坐落在台地的边缘，台地在平坦的沼泽地上12米处。丛林、喷泉、各种园林设施被安排在水渠之间，而沿着岛屿上面的宫殿轴线——中央水渠建起了顶上有凉亭的人造山丘。宫殿台地的斜面被定型为宽阔的阶梯式。按照彼得大帝的要求，宫殿、台地和阶梯全都聚集在了一个地方，以试图达到极致的表现力。宫殿的南面是带有三条林荫路的宽敞的水池座。

图4.5

宫殿（现康斯坦丁宫）由主楼、塔楼——观景殿、两个附属建筑以及廊柱陈列馆所组成。廊柱陈列馆长100米，至凉亭结束。宫殿在经历了所有后续变动后，其主要的古迹——三座高大的拱门保留了下来，它们构成了园林台地上的通道。在拱门的框架中可以感受到宫殿的美丽景色。

宫殿园林的建设于1725年大体完成：挖掘出水渠；在下台地被填平的区域上铺设了道路网；在林荫道里、丛林里以及容器里栽种上植物。其中，林荫道选用的树种主要有赤杨、椴树、枫树、榆树。被分割出来的池座装饰着圆花坛和塔形云杉。在上花园还建有游泳池，栽种有橡树、柳树和枫树。此外，1710年代由规则式花园向西曾建有一个

图4.5 修葺一新的康斯坦丁宫

图4.6 大宫殿（1847年）

图4.6

47

图4.7

图4.7　宫殿身后直抵芬兰湾的水渠

图4.8　康斯坦丁宫

图4.9　宫殿前的彼得大帝骑马青铜雕像

图4.10　宫殿柱廊

"经济综合体"，带有果园、温室和面积为6公顷的池塘，后者用于繁殖鱼类。

　　在圣彼得堡郊外的皇家规则式园林中，斯特列利纳宫殿园林建筑群是唯一的一个"水上花园"：从宫殿到大海铺设有三条宽大的像镜子般光滑平静的水渠轴。勒布隆原本还打算在此建造一座水城堡，但是遵照彼得大帝的旨意最终保留了其平坦的地势，勒布隆在这里亲手栽种了他在卡尔茨（Гарц）收集的松树种子。但岛屿的中心部分没有栽种植物，这使得人们可以沿着水渠的水面，在松柏的环绕中打开面向芬兰湾的远景，事实上彼得大帝依靠此举将自然风景借入到了园林建筑群当中。东、西水渠直通向大海，以确保能乘船从海上进入到宫殿。宫殿阶梯的水上设施以及花

图4.8

图4.9

图4.10

图4.11

图4.12

图4.13

园喷泉的存在则强化了水渠的平静水面，林荫道，丛林以及池座的纪念性。

彼得大帝死后施工曾一度中断。1751-1758年由弗·拉斯特列里在此开展工作，根据他的设计，改良了水渠，并在经过假山洞的横轴末端建造了石头大门。

从1792年开始，斯特列利纳曾一度迎来园林生命的新阶段，这一阶段与俄罗斯的自然风景园运动息息相关。

战争期间，宫殿被毁坏，上花园所栽种的植物被完全毁灭。二战之后斯特列利纳的修复工作是极其缓慢的，特别是在苏联解体之后的整个20世纪90年代，因俄罗斯政局动荡，经济恶化等原

图4.11　台阶、坡地与旗杆

图4.12　下台地的规则式花园1

图4.13　下台地的规则式花园2　　　**49**

图4.14

图4.15

因，修复工作曾一度停滞，宫殿园林几成废墟。直至2003年俄罗斯庆祝圣彼得堡建城300周年之际，当局下决心募集2.8亿美元巨资，对久已颓败的斯特列利纳进行彻底翻新。时任俄罗斯总统普京在圣彼得堡接受记者采访时坦言，巨资修复斯特列利纳宫殿园林建筑群的意义和目的是为了唤起全世界对圣彼得堡这座传奇城市的重视，并且准备将康斯坦丁宫变成一个重要的国际论坛。

修复工作严格按照历史照片和图纸进行，数千名工人夜以继日地忙碌在海边的巨大园林中。这座淡咖啡色的宫殿整体呈现意大利巴洛克风格，俄罗斯国旗在宫殿顶部猎猎飘扬。宫殿矗立在一个小山

图4.14  下台地的规则式花园3

图4.15  下台地的规则式花园4

图4.16  草坪

图4.16

图4.17

丘之上，在宫殿的广场中心屹立着彼得大帝骑马雕像，这件作品是仿制德国雕塑家古斯塔夫·施密特·卡谢尔为纪念"利弗兰"并入俄罗斯200周年，于1910年的原作雕刻而成的。宫殿周围是广阔的草地、池塘和新种植的大片椴树。康斯坦丁宫殿北面俯瞰芬兰湾，连接宫殿与芬兰湾的是运河网，其上还点缀着吊桥和喷泉。距离康斯坦丁宫不远的芬兰湾岸边新建了"领事村"，这是一个由20多幢两层豪华小楼组成的别墅群，每座别墅都以俄罗斯的城市命名，用以接待在此参加国际会议的各国首脑。整个修复工程于2005年结束。

新修复的康斯坦丁宫成为俄罗斯的重要外交平台——"国家会议中心"，承办了俄罗斯—欧盟峰会、八国集团首脑峰会等一系列重大外事活动，而平日里则继续对普通游客开放。

图4.17 改造后的宫殿周边围绕着水渠

图4.18 改造后的斯特列利纳

图4.19 水渠边的林荫道

图4.18

图4.19

图4.20

图4.20　改造后重新铺
设的沥青路面

图4.21　上层台地起伏的
地形与水渠

图4.21

# 奥拉宁鲍姆

Ораниенбаум

奥拉宁鲍姆宫殿园林建筑群坐落在距圣彼得堡41公里的小城罗蒙诺索夫（Ломоносов）内，总面积约为170公顷。这是彼得大帝赏赐给他最亲密的战友阿·德·缅希科夫（А.Д.Меньшиков）的一处产业。1710-1727年间，建筑师们在场地的上层台地上建起了一座宫殿，挖掘出了一条地下运河以及10座蓄水池。同时在

宫殿北面的下层台地上划分出占地4.8公顷的下花园。

奥拉宁鲍姆宫殿园林建筑群的主设计者之一是瑞士园艺大师赫·加尔茨（Х.Гарц）。赫·加尔茨从1709-1728年一直在奥拉宁鲍姆工作，他提交的设计方案包含了复杂的宫殿布局（宫殿位置最终确定在

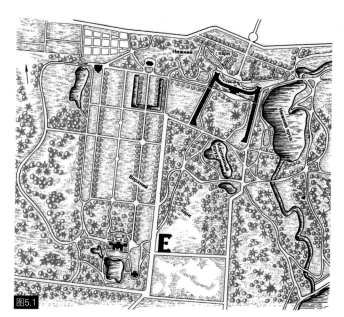

图5.1

图5.1　奥拉宁鲍姆总平面图

图5.2

图5.3

图5.4

图5.2　18世纪大宫殿区
域鸟瞰图

图5.3　阿·德·缅希科夫

图5.4　大宫殿前面朝大
海视线

温室和画馆大门前面）。沿着宫殿的中轴线建有一座被6种丛林环绕的池座。根据相关文献记载，当时的花园里有3座喷泉，39个木制雕塑以及4个铅灰镀金雕塑。丛林里生长着枫树、椴树、云杉、苹果树、樱桃树、橡树、白桦。装在木桶里的月桂以及柑橘树从温室里被搬到了台地和池座上。笔直的运河将宫殿与大海联系起来，而花园的入口处运河被一个几何形的港湾所汇聚。运河对面的大门以棚架、栅栏为基线，花园被绿树、棚架、栅栏环绕，棚架上安放着被白色涂料染成的木制旋光人造大理石。

　　时间延续到18世纪40年代，弗·拉斯特列里（B.Растрелль）主持了这一阶段

54

图5.5

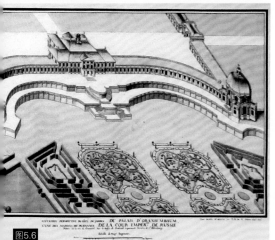

图5.6

图5.7

的建造工作；而从1756年开始，阿·里那里基（А.Ринальди）成了宫殿的主设计师。18世纪60年代初，下花园被重新整顿，其池座塑造成更为复杂的巴洛克式外形，木制雕塑被大理石雕塑所取代，石制围墙取代了木制围墙，而整个全景被宫殿北面的台地和台阶的华丽布局装饰一新。直到19世纪20年代下花园都保留了规则式园林特色。

图5.5　1761年的大宫殿区域

图5.6　大宫殿和下花园

图5.7　1847年的大宫殿

　　设计师阿·里那里基在奥拉宁鲍姆工作超过了20年，他创造的园林建筑群体现了典型的规则式向自然风景式过渡的状态，他亲手创造了被卡洛斯奇河（Карость）划分而成的彼得士塔德（Петерштад）园林系统和私有别墅（Собственная дача）园林系统，这是俄罗斯传统园林中唯一的一组洛可可遗迹，这种风格也是巴洛克向早期古典主义的过渡。在他的主持下，建筑群与起伏的地势、人造水池系统、运河以及梯形急流一起融入到了美丽如画的园林之中。

55

图5.8　大宫殿现状鸟瞰图

图5.9　通向大宫殿的坡道与台阶

图5.10　大宫殿现状

彼得士塔德园林系统建造于1756-1762年，南起大宫殿至卡尔平水池（Карпиный пруд）结束。该区域建有一个面积不大并带有全套必要设施的要塞。在其东墙旁边的卡洛斯奇河岸上安置了一座规则式园林，园林里有一座面积不大的宫殿，一个梯形急流，数个阶梯，一些园林建筑——监护处（Менажерия），埃尔米塔什（博物馆），中国馆等等。虽然这里的林荫路与丛林被修剪过的植物墙所围绕，但还是拥有匀称的外形和流畅的河岸线条。在这里，自然风景派的影响开始显现，特别是一些体现中式风格的建筑物，如中国馆的出现在早期规则式园林向自然风景园转变过程中是一种特有的元素。彼得士塔德作为规则式园林系统至1792年之前还都一直存在着，后来被完全改造成为一座自然风景园，现今所有建筑物中只有宫殿和荣誉门被保留下来。

　　私有别墅建筑群始建于1762年，至1774年完工，占地面积达150公顷。私有别墅坐落在高地上，高地从大宫殿开始一直向东、向南延伸，从平面图上看是一个面积巨大的纵深的矩形。园林的建造结合了规则式手法与风景式手法，形成一个包括中国宫、卡塔里山（Катальная горка）以及早期建造的石

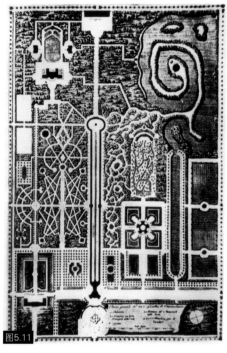

图5.11　早期的私人别墅区域平面图

厅建筑群的综合园林建筑群。1739-1751年建筑群在姆·泽姆措夫和夫·拉斯特列里的设计下继续建造，并加入了位于海台地边上的石厅宫、带有一个面积不大的规则式花园的池座以及"П"形运河。园林中还规划了最宽处为15米的三重椴树林荫路，其纵深处超过500米，沿着中轴线从石厅一直向南延伸。

图5.12　园内自然式风景（1854年）1

图5.13　园内自然式风景（19世纪初）2

图5.14　园内自然式风景（19世纪初）3

图5.15　远眺大宫殿（19世纪中期）

图5.16 中国宫

图5.17 洛可可风格的
遗存

图5.16

　　中国宫建筑群位于椴树林荫路的末端，中轴线一侧。建筑外缘是一个封闭的规则式结构。南侧几何形的水池周围坐落着宫殿，一个咖啡馆，一个贵妇馆，还有一个拱形列柱。一系列池座和雕塑将它们装饰一新。

　　卡塔里山建筑群（1762-1768）则加入了一座高33米的凉亭、数个坡道和廊柱。凉亭坐落在海台地的边上，在园林的风景构图中占据着优势位置。从其阳台向外望，整个园林以及芬兰湾的景色尽收眼底。木制的坡道从凉亭上面的阳台处开始延伸，坡道上可以走特制的小车。沿着两侧，在平行的园林路上，早期有一些敞开的廊柱走廊。19世纪中期坡道和走廊被拆除，在原来的位置上种植了一片长度达532米的草地，象征性地将园林分为东、西两部分，草地四周种植了冷杉。在东部，垂直的林荫道网相互间构成了若干个矩形丛林。丛林里面铺设有几条几何形道路，道路上有平台、男人室、中国室。而在西部则可以探寻到脱离规则式设计的趋势，它加入了包含许多小窄道的复杂系统和带有小岛的水迷园，以及中国式凉亭。

图5.17

图5.18

图5.18　带柱廊和坡道
的凉亭

图5.19　凉亭局部

图5.20　园内圈养的鹿

图5.19

图5.20

　　在奥拉宁鲍姆的改造中，琐碎的设计、精巧的布局，规则式与风景式丛林的并
存使得园林的组合群之间缺乏结构上的相互联系，这些都表明规则式风格在此已经
耗尽了所有能力，而当时风景派却尚未形成。里那里基一直试图融合两种风格，但
他的作品却没有给出明确的喜好。

图5.21　残损的雕像

图5.22　石厅

图5.23　中国宫前的水池和柱廊

园艺家阿·拉斯金指出："私有别墅区的艺术外貌反映了俄罗斯园林艺术的过渡时期，此时正在替换掉根深叶茂的巴洛克式观赏、庆祝风格和讲究、精湛的洛可可风格，此时和谐均衡，清晰明朗的自然风格被树立了起来，规则式园林的理性设计构造给浪漫的自然风景园让出了位子。"

18世纪末，奥拉宁鲍姆园林中的树木不再被修剪，破旧的建筑物被拆毁。园林中的规则式部分与风景式部分融合到了一起，他们与新的风景区一起构成了一个整体。19世纪前期，园艺大师季·布什在彼得士塔德与私有别墅区中间建设了新的风景区。

19世纪中期，中国宫建筑群被重新设计（改建）。中式厨房取代了贵妇室，水池的轮廓被改动，建起了廊形蔓栅并铺设了一条英式道路，道路将私有别墅区围了起来，并且将宫殿与卡塔里山连在了一起。

奥拉宁鲍姆的演变见证了俄罗斯传统园林的发展历程，它同时也是所有圣彼得堡近郊的园林中唯一一处在卫国战争期间没有被占领的园林，但依然遭受到了猛烈的轰炸。20世纪70年代按照普·科瓦列夫斯基（П.Ковалевский）的设计修复了下花园，但整个园林的修复工程至今仍在进行。

# 库斯科沃
**Kyckobo**

　　莫斯科最为重要的规则式花园之一，谢列梅捷夫（Шереметьев）伯爵的传世庄园——库斯科沃坐落在距莫斯科中心约10公里的地方。1510年获得的这片土地隐没于茂密的林区，土壤不适合耕种，最初只是主人的狩猎场所。园林建筑群的建造始于1743年，建造持续了近30年。到18世纪60年代，建筑群包括了宫殿及规则式园林、

图6.1 Б·П·谢列梅捷
夫（1710年）

图6.2 П·Б·谢列梅捷
夫（1760年间）

图6.1

图6.2

61

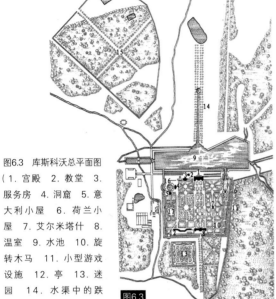

图6.3 库斯科沃总平面图
（1.宫殿 2.教堂 3.
服务房 4.洞窟 5.意
大利小屋 6.荷兰小
屋 7.艾尔米塔什 8.
温室 9.水池 10.旋
转木马 11.小型游戏
设施 12.亭 13.迷
园 14.水渠中的跌
水 15.动物园中的
亭 16.监护室 17.露
天剧场）

图6.4 庄园鸟瞰图

图6.5 主宫殿前的规则
式花园

图6.6 石厅

图6.7 埃尔米塔什（1760—
1770年代）

错综的园路、带有放射状林荫路系统的规则式花园、带有运河的水池以及建在自然
林区里的动物园。随后，整个园林系统不断扩展，区域内的构筑物得到丰富，几乎
填充了所有可能的园林建筑。与此同时，隶属于宫殿的规则式园林成为了建筑群的
中心，其间点缀着意大利艺术家的大理石雕塑作品。园林存在至今，占地面积31公
顷。要塞建筑大师弗·阿尔古诺维（Ф.Аргунови）和阿·米拉诺维（А.Миронови）
实施了园林建筑物的设计建造，德·乌赫托姆斯基（Д.У.хтомский）、斯·切瓦金斯
基（С.Чевакинский）、尤·科洛格里沃夫（Ю.Кологривов）参与了宫殿的设计。

1777年，在旧址上重新建成的古典风格的主宫殿是整个建筑群的结构中心。宫

殿坐落在辽阔池塘的岸边，池塘中有一个人造岛屿。宫殿的北面朝向园林，园林三面被土丘和沟渠所环绕。

库斯科沃园林的形状近似于一个正方形，整个空间被分成了3个部分。

中心部分是一个宽50米的敞开池座，其长形区域被一个大的石制温室楼所闭合。其余两个部分是环绕池座的丛林区。宫殿的周围建有小型但结构完整的建筑群，建筑群里有有趣的建筑物、贮水池、雕塑、花圃以及其他花园设施，包括荷兰小屋（1749）、意大利小屋（1754）、假山洞（1765）和监护处（Менажерия）。其中，意大利小屋是座小巧的二层石砌建筑，用于收藏意大利大师们的绘画、雕塑和陶艺作品。丛林里面坐落着形色不一的建筑物，有雅致的陈列馆（埃尔米塔什）（1765）、"空中剧院"、凉亭、雕塑和喷泉。沿着东部的林荫路设有各种游乐设施。虽然丛林和建筑群的外观，以及池座的轮廓都已经被改变了，但是整体布局结构却保留了下来。

办公室和教堂位于宫殿旁边，它们构成了园林沿岸部分的景观建筑群。

运河从水池开始沿着大堂中轴线向南走，深入到花园中。运河的开端被两个圆柱所装饰。从大堂出发沿着运河的中轴线，韦希尼亚卡村教堂（Вешняка）的景色便显露了出来。

库斯科沃的水上设施——运河和水池不仅美化了园林，而且对于这片干燥的领地来说也

图6.8 凉亭

图6.9 "中国趣味"的凉亭

图6.10 库斯科沃全貌（18世纪下半期）

63

图6.11　温室（1760–1770年代）

图6.12　库斯科沃庄园景色（1760–1770年代）

图6.13　主宫殿

图6.14　主宫殿前（现状）

必不可少。

　　值得一提的是，作为一处贵族庄园，库斯科沃在俄国戏剧发展史上有着独特的意义，1770-1780年间，这里加强了戏剧表演的传统，在园中安排了3个专业的城堡型剧院。戏剧的主要题材是歌颂俄国在外交、军事上取得的胜利，这在当时引起

图6.15

图6.16

图6.15 石厅及意大利小屋

图6.16 庄园北立面

过较大的轰动。

对此，俄国历史学家И·扎别利纳（И. Забелина）的书中，对于莫斯科人在1792年8月1日库斯科沃的一个节日上的戏剧活动有生动的描述：

"普通人聚集在房子前面，想象着五彩缤纷的快乐。如果描绘库斯科沃的话就应该在今天。当之无愧的应该是鲁宾索夫（Рубенсов）的绘画。他的细致取得了无数美妙……很快客人们来到了阳台上，忽然几个歌手与技艺高超的角号手一起从人群中离开，他们立刻就开始了灵巧地、拿腔作势地唱歌并跳起民族风格的舞蹈。当客人们玩了一会之后，主人请客人们走到花园来到露天剧院，这里上演了两场歌剧：开始是《玫瑰花和克拉斯》，后来是《说画》。"

"戏剧结束之时，新的娱乐在等待着客人们。所有人排好队冲到了屋子里，在那里舞会开始了……跳够了之后，主人召唤所有人又进入花园，花园因歌唱艺术而熠熠生辉。此刻从房子的另一面，五颜六色的灯笼呈现出了无与伦比的景色，整个大水池、带有街道并通向远处教堂的渠道以及岛屿都被这些灯笼装点一新。静静的水流闪烁着五颜六色的火光。客人们被带入林荫道之中，林荫道的出口处栽种着浓密的树林。但是树林突然让开道路，眼前呈现出一片张灯结彩的美景。"

"……在这个突然出现的剧院中上演着小型喜剧，剧院后不远处坐落着一座温室，温室由里到外都张灯结彩。那时，小树林里有歌手和乐师在唱歌和演奏，合唱

图6.17　小楼

图6.18　埃尔米塔什

图6.19　温室

的回声传遍四周，在远处依然回响。温室里挤满了散步和跳舞的人们。温室的装饰十分美妙。正方的镜子长廊很值得惊叹；而这让你爱上自己。这就是异常豪华与愉悦的平凡之间的不同。另外，四周的插画、墙面的洁白以及天花板上悬垂下来的花串，在许多烛光的映衬下占据了我们的眼球。"

"十二点是放烟火的时刻，所有人都急忙朝那里冲过去。护板和轮子被安放在剧院对面，从剧院望过去可以看见其中一个小窗子。不只是花园和屋子之间的宽阔马路上挤满了观众，就连大树林里的灌木丛中也坐着人。天空中仅有的一颗星星用其微弱的光照亮着这个寂静的夜晚，闪闪星火为这个夜晚增添了光辉。黑暗在光亮中不断地发发生着变化，一会儿是白天，一会儿夜晚又来临了。护板上呈现出火的各种画面。当护板烧透时，一下子放出许多烟火，并带有强烈的爆破声。烟火上掉下来的无害的火花，朝人头上掉下来，让他感到不安，就像狂风撩拨着河面一样……"

"三点路上还有许多人步行或是乘车回莫斯科，每个车上大约乘坐了10个人。一连几天在莫斯科都有人谈及有关库斯科沃节日——那是多么的华丽啊……"

园林的戏剧场景化，尤其是对于库斯科沃这样的娱乐消遣型的贵族庄园来说，是很有代表性的，一般分为3种类型：有的园林里建有剧院宫（如奥斯坦金诺）或是专门用于戏剧演出的凉亭（如阿尔罕斯克、查理金诺）；有的园林中建造了露天绿色剧院，连带有草制的长凳和两侧高大的绿墙（如库斯科沃）；但是对于18世纪末期来说更具有代表性的是第三种被改编成剧本的庄园类型：荒野起到背景的作用，观众随心所欲地散坐在河流台地的斜坡上，或大树下，或水池上面的凉亭里。这种可见的直接性通过设计师的努力达到了应有的效果，但同时也需要复杂的技术装置。

库斯科沃同样在战争年代遭受过重挫，二战结束后，以勒·德米特里耶夫（Л.Дмитриев）为首的设计团队对库斯科沃进行了修复，其园林主体结构得以完好保存至今。

# 皇村

皇村（现名普希金城）是圣彼得堡郊外一座宁静而典雅的小城，坐落于市区以南20公里处，环抱于莽莽森林之中。每年自春温入秋肃，世界各地的游客慕名而来，欣赏这里规模宏大、保存完好的18世纪沙俄宫殿与园林建筑群，探寻诗人普希金笔下饱含深情的"皇村记忆"。

皇村的园林系统始建于18世纪初，主要由叶卡捷琳娜园和亚历山大园构成，早期的园林呈规则式布局。最初，彼得大帝将皇村这片土地作为礼物送给自己的妻子，未来的叶卡捷琳娜一世女皇（1725-1727年在位）。此时正值法国古典主义园林风靡俄国上流社会，继圣彼得堡市区的夏花园（Летний Сад）和郊外的彼得宫（Петергоф）之后再兴建一处如同凡尔赛宫苑般宏伟的规则式花园，是沙皇和设计师们的初衷。规则式花园的建设主要分为两个时期，即1710-1720年代以及1740-1750年代。

图7.1

图7.1 叶卡捷琳娜二世（俄国女沙皇，1762–1796年在位）

67

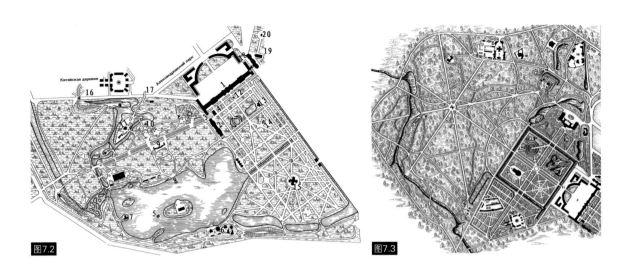

图7.2

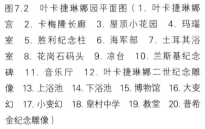

图7.3

图7.2 叶卡捷琳娜园平面图（1. 叶卡捷琳娜宫 2. 卡梅隆长廊 3. 屋顶小花园 4. 玛瑙室 5. 胜利纪念柱 6. 海军部 7. 土耳其浴室 8. 花岗石码头 9. 凉台 10. 兰斯基纪念碑 11. 音乐厅 12. 叶卡捷琳娜二世纪念雕像 13. 上浴池 14. 下浴池 15. 博物馆 16. 大变幻 17. 小变幻 18. 皇村中学 19. 教堂 20. 普希金纪念雕像）

图7.3 亚历山大园平面图

图7.4 皇村园林系统总平面图

图7.4

在彼得大帝在位时期，自1718-1723年短短6年间，在现今的叶卡捷琳娜园（Екатерининский парк）原址上，建起了花园和石厅，场地原有的缓坡被改造为四层阶梯状的台地。最高层台地上设有花坛，花坛周围围绕着椴树丛和灌木丛；第三级台地上是环路，与其形成呼应的是一座三扇面亭；第二级台地上是两个完全相同的矩形贮水池；而第一级台地即下花园，其平面布局由三条呈辐射状的林荫路所组成，弧形道路将这三条林荫路连接起来。花园的矮林里种植的是果树（苹果树和樱桃树）、野果灌木丛（醋栗，穗醋栗）和草莓，而周边环绕着连绵不断的修剪过的树墙，它们环绕着狭窄的道路。这一时期参与建设的设计师包括И·布拉乌什杰（И.Браунштей）、К·菲尔斯杰尔（К.Фертер）等。此外，在已建成的大宫殿以南开挖了人工运河并建起贮水池。

皇村规则式园林系统发展的另一个重要阶段与大宫殿的改建密不可分，这一时

图7.5　水坝（1794年）

图7.6　皇村风景（1794年）

图7.5

图7.6

图7.7 卡梅隆长廊与石坡（1814年）

图7.8 "大变幻"之中式亭子（18世纪末）

图7.9 十字桥（1821–1822年）

图7.10 大水池（1796年）

期参与建设的建筑师有М·切姆索夫（М.Земцов）、А·柯瓦索夫（А.Квасов）、С·切瓦金斯基（С.Чевакинский）等。整个工程于1757年阶段性竣工，造就了极其华丽的巴洛克风格的宫殿（即叶卡捷琳娜宫）。宫殿正立面长达325米。从宫殿西北至东南，依托人工运河形成一条主轴线，轴线上建起巴洛克风格的凉亭和博物馆（艾尔米塔什），衬托出主宫殿在结构上的统治地位。沿主轴线两侧分布着规则的水池、喷泉、雕塑、丛林，由修剪整齐的绿篱围合成大致对称的小空间。而此时，宫殿前的花园设计虽然不失隆重与豪华，例如第一级凉台上设置了池座和大理石雕像，但其整体规模尺度已经不能满足新建的宫殿建筑群在景观方面的要求，园林系统开始向宫殿的西侧延伸，这便是亚历山大园的发展。

主宫殿与辅助办公建筑群围合而形成半圆形的阅兵广场，在广场建筑群西面新建了4个由正方形地块构成的花园（每个花园占地都是200米×200米），花园之间被十字形水渠分隔。虽然4个花园呈对称分布，但内容主题各异，每个花园的中心位置都有相应的主体建筑，如中国剧院（Китайский Театр）、帕尔纳索斯山（Гора Парнас）、蘑菇亭、旋转木马等。4个花园后是一个带有辐射状林间通道的狩猎场。

70

根据B·拉斯特列里的设计，狩猎场四周围着围墙，呈一个大正方形，其中心广场上所建的"蒙必什"馆位于宫殿主轴线的向西延伸线上，以此为中心，在林中开辟了放射形的林荫道。狩猎场环抱着宫殿主轴并占据了大片天然森林区域，几条侧向林荫路通向主轴周围，并与主轴一起组成了3条射线，由此望去，宫殿的远景便展现在眼前。但是后来，在自然风景园运动中建造中式建筑"大、小变幻"时，这些线条的意义便逐渐丧失了，其中的一条射线被新的自然式风景重叠，另外两条的旁边也

图7.11 自然式园林
（1821–1822年）

图7.12 1827年的宫殿

图7.13　凉亭

图7.14　女皇伊丽莎
白·彼得罗夫娜在皇村
（1905年）

图7.15　叶卡捷琳娜宫
正立面

进行了自然风景式改造。

　　此外，早期的大水池也有着规则式的轮廓，水池岸边，后来成为叶卡捷琳娜园的横向林荫路的地方有一处巴洛克式的山洞。

　　亚历山大园建成后，皇村园林建筑群的规则式格局基本形成，建于不同年代的园林（叶卡捷琳娜园和亚历山大园等）通过一系列轴线纳入到一个统一的系统。如今，通过留存的皇村园林系统的规则式部分，可以探究到这里规则式园林建筑的发展历程，即园林系统朝着强化纵向轴心并支配主体建筑的倾向在演进，与此同时，各景观规划要素愈加地相互联系，同时又相互隶属，最终朝着建造统一的园林建筑群方向发展。

　　18世纪中期，女沙皇叶卡捷琳娜二世开启了俄罗斯的自然风景园运动，但皇

村园林系统的自然式改造并非一蹴而就，历史上进行的3次重要改造分别是在1760-1770年［建筑师A·利纳里基（А.Ринальди）、В·涅耶洛夫（В.Неевлов）、Ю·费里坚（Ю.Фельтен）］，1780-1790年［建筑师Ч·卡梅隆（Ч.Камерон）、Д·科瓦连基（Д.Кваренги）、И·涅耶洛夫（И.Неелов）］，1810-1820年［建筑师Л·鲁斯卡（Л.Руска）、В·斯塔索夫（В.Стасов）］。此外，19世纪中期，建筑师A·维多瓦（А.Видова）对私人花园区进行了规划设计。

图7.16　上浴池

图7.17　模纹花坛与雕像

图7.18　叶卡捷琳娜园——规则式部分1

图7.19　叶卡捷琳娜园——规则式部分2

自然式改造的结果大致形成了今天的叶卡捷琳娜园的格局。改造后的叶卡捷琳娜园占地面积109.6公顷，分为5个区，即规则式花园区、大水池区、上水池区、玫瑰园区和私人花园区，其中自然式园林占了很大比重。

叶卡捷琳娜园中园林建筑众多，它们成为自然风景园的中心或者某个区域的主景。园林建筑被修建成不同的风格：有中式风格的，如大、小变幻，中国亭，中国村，中国剧院等；有埃及风格的，如金字塔；还有古典风格的。一些充满英雄主义调子的纪念性建筑也被布置到园林中，如卡古尔方尖碑、切斯马圆柱以及炮塔遗迹，其目的是为了颂扬俄罗斯对土耳其战争的胜利，它们的存在强化了园林的纪念性。

大水池区是整个园林的主景区，水池在18世纪70年代进行过一次改造，面积约16.6公顷，蜿蜒的驳岸形成了自由的轮廓。围绕着大水池的环形路线串联起园中最

图7.20  石厅

图7.21  水边的石厅

图7.22  海军部

引人注意的一些建筑物：假山洞穴、西伯利亚桥、切斯马圆柱、海军部、土耳其浴室等。大水池区内包括8个重要的园林建筑景区：卡梅隆长廊、鲁斯卡凉台、枨树地、水迷宫、土耳其浴室、海军部、荒岛及石桥。其中，前3个区域构成了面积为7公顷的林中旷地，旷地呈现为宽160米，高差10米的缓坡款款而下直达水池，在高大的落叶乔木的掩映下，水池及各色的园林建筑呈现在人们眼前。该区域树种的分布

图7.23

图7.24

图7.25

图7.26

图7.27

图7.28

图7.23 服务设施　　　　图7.24 叶卡捷琳娜园

图7.25 水坝　　　　　　图7.26 切斯马柱

图7.27 买牛奶的女人雕像　图7.28 叶卡捷琳娜园内的自然式风景

75

图7.29　金秋　　　　　图7.30　"大变幻"（中国趣味）

图7.31　纪念碑　　　　图7.32　深秋

图7.33　中国村

呈现为一组扇形远景，其边缘纵深从卡梅隆长廊起达600-700米（由北向南），从鲁斯卡凉台到"卖牛奶的女人"雕塑约240-250米（由北向西）。开阔的空间加上水池对岸深红色的海军部等建筑物使此处风景色彩和层次更为丰富。叶卡捷琳娜园的其他区域，上水池及音乐厅、晚会厅和玫瑰园的独特之处则体现在精致的抒情风景和与之配套的临水设施及园林建筑物上。

　　毗邻叶卡捷琳娜宫，便是皇村中学旧址。1811年，年仅12岁的普希金进入皇村中学学习，开始其文学创作生涯。1815年，在中学考试中，普希金朗诵了自己创作的"皇村记忆"，表现出了卓越的诗歌写作才能。1817年6月，皇村中学首批学员毕业，作为沙俄培养高级官员的贵族学校，除普希金以外，这里还走出了普欣（1798-1859）、丘赫尔别凯（1797-1846）、杰尔维格（1798-1831）、伊利切夫斯基（1798-1837），他们一同构成了俄罗斯文学史上"黄金时代"的诗人群体，成为皇村园林里的另一道风景。此后的100多年里，这里辗转着莱蒙托夫（1814-1841）、丘特切夫（1803-1873）、尼古拉·布宁（1888-1953）以及阿赫玛托娃（1889-1966）等文学大师的身影，皇村由此成为俄罗斯文学的摇篮。

　　皇村之美，四季迥异，而最迷人在金秋。9月末10月初，市民和远道而来的游客

图7.34　大理石桥

图7.35　私有花园的喷泉

图7.36　诗人雕像

图7.37　叶卡捷琳娜园内疏林草地景观

图7.38　叶卡捷琳娜宫

图7.39　大宫殿

图7.39

顶着浓烈的秋霜，从圣彼得堡市中心的维捷布斯克火车站出发，搭乘电气火车前往郊游，半个多小时即可抵达。在充满艺术与人文气息的小城内，华丽的宫殿与建筑掩映在幽静的园林之中，方圆数百公顷，莽莽林海，渺渺无垠。值黄昏时分，园内残垣处处，溪水汩汩，秋风瑟瑟，落叶满山，景色佳绝。亭、台、楼、阁、小桥、流水、山冈、树丛、草场、瀑布一起，构成了俄罗斯艺术大师们笔下波澜壮阔的风景画。园中的乔木品种以适应本地生长的针叶树为主，如松树、云杉、冷杉、落叶松等，它们至今仍生长良好。

公元1900年，由雕塑家Р·Р·巴哈（Р.Р.Баха）创作的普希金纪念雕像在皇村中学旧址旁落成，供世人凭吊，优雅的园林中又添一景。1937年，普希金逝世100周年之际，苏维埃政府将皇村正式更名为普希金城，以示对诗人永久的怀念。

# 加特契纳

Гатчина

　　皇家宫殿园林建筑群加特契纳坐落在距离圣彼得堡市区45公里的地方，它所处的自然条件十分优越，有如画般的地形，有茂密的森林和开阔的湖面（白湖和黑湖）。在俄罗斯园林史上，加特契纳的发展史可以分为三个阶段：

　　第一阶段：1766-1781年，由女沙皇的宠臣Г·奥尔洛夫伯爵（Г. Орлов）所有。建筑师А·利纳里基（А.Ринальди）为其建造了宫殿，日常设施，铺设道路并修建了几处方尖碑和纪念柱。

　　第二阶段：1783-1801年，奥尔洛夫伯爵去世后，宫殿由叶卡捷琳娜二世转给她的儿子，即后来的沙皇保罗一世（Павла Ⅰ，1796-1801年在位）。建筑师В·波列纳（В.Бренна）为其改造了宫殿建筑群，使其在风格上比较统一。练兵场取代了宫殿前的绿色草地，沟壑将整个练兵场围了起来。在园艺师Д·格盖特（Д.Гэкет）和Ф·戈里姆格里

图8.1

图8.1　Г·奥尔洛夫

79

图8.2 加特契纳总平面图

图8.3 加特契纳宫殿区平面图

图8.4 18世纪末园内散养的鹿群

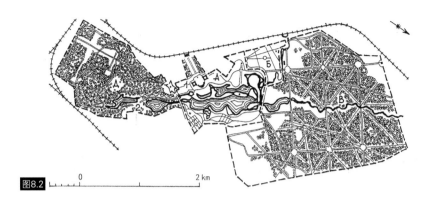

图8.2

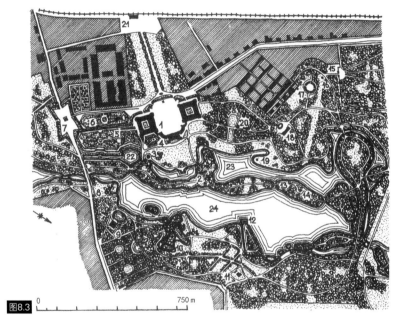

图8.3

图8.4

图8.5 园内自然式风景
（19世纪初）

图8.6 远眺大宫殿（19
世纪初）

图8.7 加特契纳湖景
（1881年）

兹（Ф.Гельмгольц）的参与下，进行规则式园林的建造：新建了私人花园、椴树园、上花园、下花园、荷兰花园（紧邻宫殿）、植物园及花圃（位于白湖对岸）等。对白湖驳岸及散布在周围的小岛所组成的港湾进行了改造，湖内一些区域被进一步开挖，形成梯形急流的景观，引湖水蓄了几个池塘，又建造了基本的园林设施。1798年，建筑师H·利沃夫（Н.Львов）建造了普里奥拉特宫（Приоратский дворец），并在黑湖区域规划园林。

　　第三阶段：1844-1857年，建筑师Р·И·库兹明（Р.И.Кузымин）在宫殿上加盖了方形钟楼和预警塔楼。

　　整个皇家园林建筑群依次坐落并且统一于一个水系，其大致可分为3个自然式园林区域：面积为143公顷的普里奥拉特园（黑湖区域）、面积为140公顷的宫殿园（白湖区域）以及小加特契纳河边的动物园区。为了建造园林，砍伐掉了一部分自然针叶林，并栽种上了阔叶树以加强景观效果，从审美的角度重新塑造了地形，细致地勾画了白湖岸线的轮廓，最后建造了内部贮水池。园林的建造采用当地的石灰岩以及乡土树种作为材料，以使整个建筑群在风格上达到统一。

81

图8.8　临水平台　　　　图8.9　通往白湖区的出入口

图8.10　小桥　　　　　　图8.11　湖边的杂木林

图8.12　典雅的白色小拱桥　图8.13　深秋落叶

图8.14

图8.15

图8.16

图8.17

图8.18

图8.19

　　加特契纳的中央主景区是宫殿园及白湖。宫殿坐落在距银湖不远处的150米×200米的林中旷地内，隐藏在2座小丘之间，从宫殿顶层鸟瞰，或者直接从对岸远眺便依稀可见宫殿全貌。银湖与白湖之间隔着一条窄窄的小畦，小畦上面建有梯形码头，沿着陡峭的墙壁向下一直延伸到白湖水中。

| | | | |
|---|---|---|---|
| 图8.14 | 白湖边驳岸 | 图8.15 | 石桥边满树黄叶 |
| 图8.16 | 大宫殿正立面 | 图8.17 | 宫殿立面局部 |
| 图8.18 | 宫殿西配楼 | 图8.19 | 通向大宫殿的林荫道 |

图8.20

图8.21

图8.22

白湖面积30公顷，宽度1200-1500米。岛屿群和半岛沿着白湖的纵轴将水域隔断，形成了一个长岛。纪念碑［设计师B·波列纳（B.Бренн）］、金星馆等构筑物，以及荷兰花园（植物园）将其横向等分。白湖区的景观节点可以分成多个部分，如海军部、水迷园、爱之岛、大门、长岛、切斯马方尖碑区域、银湖、上花园、植物园等，它们在面积、处理手法以及审美意义方面都各有不同，但其整体上却形成了一个统一的景观。

宫殿园区的特别之处在于其占据了制高点而获得了广阔的全景：除了荷兰花园以及高地上的风景小广场等，还包

图8.20 从宫殿塔楼顶部俯视公园全貌

图8.21 从宫殿顶部俯视

图8.22 石桥

图8.23

图8.24

图8.25

图8.26

图8.27

图8.28

括了白湖的多层次远景，及其沿岸区域的景色。此外，天鹅岛及其附属景观组合，与坐落在爱之岛上的金星馆在空间上起了重要的作用，它们均处在主要风景线的交叉点上，并且融于白湖的风景视线之中。而白湖岸边的几个间隔45-50米的小岛群，组成了一系列景观画面，这些景致有节奏地交替着，轮流变为背景、侧景、中心景色。这样，宫殿园区的内景便形成了一个独立却又统一的篇章。在宫殿园的林区，有3条从树林中垂直

图8.23　白湖水系通过远处的路桥汇入黑湖

图8.24　大宫殿预警塔楼

图8.25　湖边景致

图8.26　辽阔的白湖

图8.27　湖边的小凉亭

图8.28　雨后初晴

85

图8.29　郊野风景

图8.30　湖边景致

图8.31　拱桥远眺

图8.32　小桥近景

通向英雄纪念碑的道路，林区与复杂的道路系统一起被处理成一个浪漫的树林迷宫。从迷宫的入口中看过去，所有景色尽收眼底。

　　加特契纳在审美上最突出的特点是，整个园林建筑群呈现出一种特别明快的色调，轻盈的水面上闪烁着珍珠般的光泽，使眼前景色如一幅光鲜的水彩画，水中倒影更加强了这种视觉效果，而这一切都源自设计师自身的艺术素养以及对场地特征的准确分析和把握。从18世纪中期到整个19世纪，加特契纳如诗如画般的风景一直是俄罗斯风景画家们描绘的素材。

　　卫国战争时期，加特契纳宫殿园林遭到极大毁坏，树木遭到砍伐，二战后历届政府对其进行的修复工作持续了近半个世纪，使其逐渐恢复了原来面貌。

# 巴甫洛夫园

## Павловский Парк

　　巴甫洛夫园位于圣彼得堡郊外的小城巴甫洛夫斯克，毗邻皇村（现普希金城），占地面积达543公顷。它始建于1777年，是俄罗斯自然风景园的典范。

　　巴甫洛夫园最初是作为皇村近郊的狩猎场而存在。公元1777年，叶卡捷琳娜二世将其送给儿子——未来的沙皇保罗一世，用于建造郊外别墅，后来逐渐演变为保罗一世的行宫。

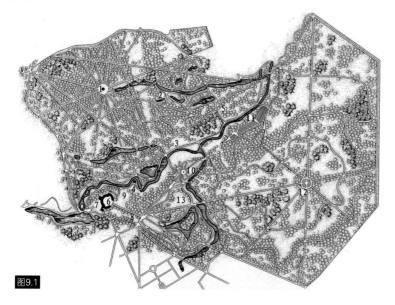

图9.1　巴甫洛夫园平面图（1. 大星区及圆厅　2. 水池河谷　3. 斯拉维扬卡河谷　4. 友谊亭　5. 红河谷　6. 中央宫殿区　7. 三女神殿　8. 洛斯神殿狩猎区　9. 大环形场地　10. 老西尔维亚区　11. 新西尔维亚区　12. 白桦林区　13. 大原野区）

图9.1

图9.2

图9.3

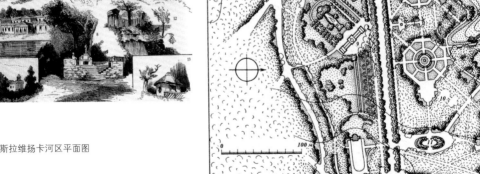

图9.4

图9.2 斯拉维扬卡河区平面图

图9.3 园内主要景点

图9.4 中央宫殿区平面图

88

图9.5 巴甫洛夫园军事
演习场景（约1790年）

图9.6 1800年的友谊亭
景区

图9.7 友谊亭周边的跌
水景观（1801–1803年）

　　巴甫洛夫园是在大片森林地带与流经的斯拉维扬卡河所形成的自然景观的基础
上，历经50余年建造而成的。其建造历史和演变历程大致可分为三个时期，各时期
历任的主持设计师分别为建筑师Ч·卡梅隆（Ч.Камерон，1779-1785年），建筑师В·波
列纳（В.Брена，1786-1800年），艺术家П·贡扎戈（П.Гонзаго）和建筑师Д·科瓦连基
（Д.Кваренги）、А·沃罗尼基（А.Воронихин）、К·罗斯（К.Росси）（1803-1820年）等。

　　在巴甫洛夫园营建的第一阶段中，苏格兰建筑师卡梅隆建造了大宫殿，对宫苑
进行了规划设计，还建造了一些园林设施。与此同时，卡梅隆又将园林划分为若干
个区域，在他设计下，宫殿与陈列馆、斯拉维扬卡河、阿波罗廊柱、冷水浴室、友
谊亭、大星形区、白桦区等均已初具规模；园林中还建造了一些田园建筑如奶牛场、
隐士茅舍等。卡梅隆作品的独特之处在于创作手法上精巧性与抒情性的巧妙柔和，
在气势磅礴的斯拉维扬卡河岸森林景观中处处体现着其精妙的设计构思。

图9.8　大宫殿（1818年）

图9.9　18世纪末的友谊亭及周边景观

图9.10　磨坊塔楼及周边景观

图9.11　斯拉维扬卡河与远处的大宫殿

图9.12　小山与古堡（1824年）

图9.13　伊丽莎白亭（1824年）

图9.14　大宫殿侧立面

图9.15　阿波罗柱廊

图9.16　白狮雕像

图9.17　大宫殿前的林荫大道中轴线

图9.18

图9.19

图9.20

图9.18 大宫殿全景

图9.19 大宫殿近景

图9.20 大宫殿配楼台
阶两侧的石狮雕像

在卡梅隆逐渐失宠被保罗一世免职后，巴甫洛夫园的演变进入了第二阶段。建筑师B·波列纳接替他完成了对大宫殿的改建，完善了大星形区的路网系统，在宫殿前建造了大型环形场地，并通过一组大阶梯将斯拉维扬卡河与环形场地相连。波列纳还对河两岸的坡面进行了精细的加工，建造了露天剧场，在圆池塘旁边建造了一座大的梯形急流，并且在茂密的天然森林里规划出老西尔维亚区和新西尔维亚区。与卡梅隆的创作相比，波列纳作品更正式、更严肃，能给人带来更深刻的印象，经过他的手笔，园林在第二阶段获得了更为宏大的外观。

宫苑演变的第三阶段因贡扎戈的创作而著称。集风景画家、装饰艺术家和造园

图9.21

图9.22

图9.23

大师于一身的贡扎戈将原来的练兵场改建为大原野区，在林区形成了红河谷与白桦林相融的景色，这种景色一直延伸到斯拉维扬卡河谷底。建筑师A·沃罗尼基、K·罗斯在斯拉维扬卡河上修建了几座桥，而白桦林区的规划也进一步得到完善。此外，还在新西尔维亚区建造了一座教堂。

　　完成后的巴甫洛夫斯克园分为七个景区：宫殿区、斯拉维扬卡河区、大星形与红河谷水池区、老西尔维亚区、新西尔维亚区、大原野区、白桦林区。每个景区都有其独特的艺术气质与景观风貌。而所有这些区域都隶属于一个共同的艺术创作思想，即建造俄罗斯北方大自然的形象。

图9.21　斯拉维扬卡河岸景观

图9.22　黑狮雕像

图9.23　自然式风景

93

图9.24

图9.25

图9.26

　　宫殿区占地面积约9公顷，位于园林的西南部。宫殿区在整个园林的结构以及功能作用上占据首要地位。宫殿区包括若干个子区域——宫殿东面的私有花园、三重椴树林荫路，林荫路周围分布着兽栏区（兽栏区里有花坛、迷宫、图案花贮水池）和大环形场地。主宫殿巴甫洛夫斯克宫代表着俄国古典主义建筑艺术的最高水平，其中央楼体的屋顶由64根柱子支撑。白色的柱子、雕刻摆设和浮雕与平滑的赭色墙壁结合得非常和谐。宫殿分三层，一层的下前厅是按照卡梅隆的设计建造的；从前厅沿弯弯的

图9.24　景观桥坝

图9.25　花坛与雕像

图9.26　纪念墓碑

图9.27

楼梯可上到二楼的正前厅，正前厅与意大利厅相连，后者是整个宫殿的中心，也是宫殿内最气派的大厅之一。宫殿南侧厢房内坐落着庆典厅。

图9.27　疏林草地风景

　　斯拉维扬卡河区面积79公顷，由东北到西南穿过整个园林，成为其布局轴心。设计师将河谷的斜坡处理成一系列的林中草地，草地上长着美丽如画的树木及灌木丛。沿3公里长的斯拉维扬卡河谷错落有致地坐落着各式的园林建筑。设计师O·伊万诺夫借鉴风景画的构图特点，将斯拉维扬卡河谷区分成6个区域：1）带有阿波罗柱廊的宫殿区；2）冷水浴室旁的区域；3）友谊亭区；4）圆池塘区；5）露天剧院区；6）窄河谷区。在这些区域中，第1、3、6区域是敞开的空间，它们与剩下的半敞开区在空间上实现着轮流交替，使得整个斯拉维扬卡河区域的空间感更为丰富。友谊亭是卡梅隆在俄罗斯修建的第一个建筑物，它坐落在一个不大的半岛上，亭呈圆状，周围环绕着16根柱子，从任何一个角度欣赏，友谊亭都非常美丽，散发着浪漫主义气息。阿波罗柱廊位于园林面向皇村的入口不远处，建筑呈古典主义风格，两排高大的圆柱围成一个露天的圆亭。建筑师B·波列纳设计的磨坊塔楼则是模仿古代农家磨坊而建，充满着18世纪伤感田园主义色彩。

　　大星形区（面积142公顷）林木参天、池塘纵横，笔直的林荫道呈网状交错，通向绵延起伏的斯拉维扬卡河岸。该区林木主要由云杉构成，其中还夹杂有松树和白桦。区域的中心是一个带有音乐厅的圆形广场，以此为中心点，林荫道呈放射状通向四方，这些林荫道还有一些浪漫的名字："友谊"林荫道、"红色的棒小伙"林荫道、"善良的未婚夫"林荫道等等。区内主要是封闭的林间、林下空间，当中除了有林间

95

图9.28

图9.28 巴甫洛夫园秋景

旷地和零散的小草地，还有一片广阔的草地。

老西尔维亚区建在斯拉维扬卡河谷地势较高的左岸上。老西尔维亚是一处结构匀整、富有艺术气息的林区，林中圆形空地上呈环状竖立着12尊古希腊神雕像，由此向外呈放射状辟出12条狭长的林荫小道，12条小路贯穿了老西尔维亚区的塔形松树林，通向广阔的大原野区。

新西尔维亚区与老西尔维亚区之间被废弃的梯形急流所隔断。阿波罗青铜雕塑标注了新西尔维亚区的开端，5条彼此独立的道路横贯整个区域，道旁栽满了修剪整齐的金合欢灌木丛。此区域绵延着狭窄的林带，林带沿着斯拉维扬卡河谷生长。林区大多数是松树，其中还夹杂着云杉和阔叶树。这里伫立着世界末日纪念碑，以及为纪念保罗一世而建的教堂。

大原野区面积约30公顷，最初是用作军方阅兵的场地。艺术家贡扎戈是此区域的设计者，他将该区域设计为一个贯穿的链环，从宫殿区延伸到白桦林区。该区域的中心是一个带有岛屿的池塘。在大原野区，广阔的草坪上栽种了大约6000株不同种类的林木，主要有橡树、椴树、榆树、柃树等，它们被灌木丛所围绕。林木的栽种按照曲线分布，相互间每隔35-50米形成了有节奏的韵律变化，反映了区域的轮廓。

白桦林区面积265公顷，道路总长38公里。此区域由天然林开辟而成，为了营造园林空间，这里三分之二的植物都被砍伐掉，剩下的林木成为了设计师进行景观空间布局的基础。贡扎戈保留了卡梅隆所建立的区域布局：8条林荫道从环形广场中心辐射而出，被蜿蜒的英式道路所串联。白桦林区规模极大，森林将林区分隔为北部区和中心区两部分。其中，中心区域广阔的开敞空间为设计师的发挥，特别是营造出灵动的风景画面提供了可能，富有节奏感的风景画面每隔50-100米轮流交替。北部区域的风景被毗邻的森林更清晰地隔开，形成了相对静止固定的景观面貌。林区早期栽种的植物以松树为主，如今已经变成了混合林，其中主要是以白桦为主的阔叶树木。白桦林区里没有建筑和雕塑，甚至看不到人工的痕迹，只有旷野、森林、林中空地，体现出俄罗斯北方大自然的壮丽与深邃。

七个景区无论是在空间格局，抑或是在平面构图上，都相互联系、浑然一体，构成和谐有序的园林系统：大星形区，老、新西尔维亚区环绕着斯拉维扬卡河谷，大原野区和白桦林区则形成了景色如画的林

图9.29 透水沙砾铺设的园路

缘；大星形区的林荫道以及老西尔维亚区的数条小路最终以斯拉维扬卡河岸的风景作为终结，在这里，风景画卷沿着河床而下，徐徐展开，被更广阔的全景所环绕。最终，对着主区方向，大宫殿在各个不同的取景点均清晰可见。

巴甫洛夫园的规划特色在于，依照景点与公园边界的距离长短进行处理，一系列景观元素自边缘地界，朝着园中的主要建筑物——大宫殿缓缓融入风景之中，距离主宫殿越近，道路系统越密，种植构图也越丰富；随着与宫殿距离的不断加大，建筑物越来越少，风景愈加借助自然成分而构成，宽阔的河谷渐渐收缩，森林靠河岸越来越近，园林好似与大自然越来越交融到了一起。这种规划手段后来被沿用到

苏联的公园规划设计中。

巴甫洛夫园的设计建造，历经几代设计师，却看似一气呵成。50年来，历任参与巴甫洛夫园规划的建筑师都充分考虑了对前人建筑风格的继承，在继承中发挥自己的才智，使其在造园艺术上达到了很高的水准。巴甫洛夫园被誉为俄罗斯乃至整个欧洲自然风景园的典范之一。

# 米哈伊洛夫斯基宫廷花园

始建于1712年的米哈伊洛夫斯基宫廷花园，最初是夏花园规划区的一部分，面积约10公顷。如今，它和毗邻的马尔索沃教场（Марсово поле）、夏花园（Летний сад）以及意大利花园（Итальянский сад）一起，构成圣彼得堡市中心总面积约41.2公顷的历史园林系统。

圣彼得堡中心区的历史建筑向来与宫廷主题息息相关，而宫廷花园设计师K·罗斯（К. Росси）所设计的米哈伊洛夫斯基宫廷花园出色地延续了这一主题，在其构思创作中体现了娴熟高超的传统造园技艺。

K·罗斯十分了解宫廷园林，试图给予其独特并符合高雅古典主义原则的解释。在研究米哈伊洛夫斯

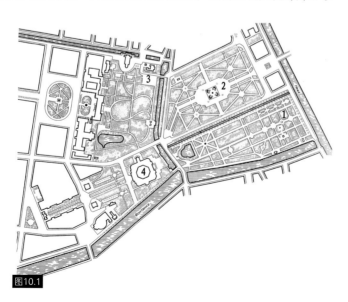

图10.1

图10.1 圣彼得堡市中心的历史园林系统（1. 夏花园 2. 马尔索沃教场 3. 米哈伊洛夫斯基宫廷花园 4. 意大利花园）

99

图10.2 围栏

图10.3 围栏细部

图10.4 园门

图10.5 花园入口平面
指示牌

基花园的设计方案时，设计师之前在圣彼得堡城郊的叶腊金岛园林（Елагиноостровский парк）的设计经历决定了其研究方向。与叶腊金岛园林设计的工作相比，米哈伊洛夫斯基花园项目需要解决完全相反的问题：米哈伊洛夫宫（现为俄罗斯国家博物馆）并不是一个雅致的城郊庄园，而是一个恢弘壮丽的都城官邸。与此形成鲜明对照的是，叶腊金岛是一个宽敞的大公园，而为城市宫廷所开辟的园林区域，其面积仅为叶腊金岛的十分之一。

在K·罗斯的指挥下，阿·梅涅拉斯（А.Менелас）与园林大师乔.布什（Дж.Буш）取得了当时还属于夏花园部分区域的设计权，并将此命名为瑞典园林。在18世纪的前25年里，园林布局具有严格的规则式的特点。园林中有池座、水池以及修剪成宝塔形状的冷杉，剩下的部分则被分成矩形丛林和巨大的醋栗人工林。矩形丛林里栽种了樱桃和灌木黑醋栗。面积不大的叶卡捷琳娜一世宫殿就曾位于莫伊卡河（р. Мойка）岸边，即现今的凉亭所在地。一条栽有板栗树的林荫路直通叶卡捷琳娜一世宫殿。18世纪中期，为耶莉扎韦塔·彼得罗夫娜建造夏季宫殿和夏花园的Б·拉

斯特列里将瑞典园林的一部分列入到了他所设计的豪华的巴洛克式迷园之中。直到现在，米哈伊洛夫园林的东面还有一个拉斯特列里时期挖掘的池塘。

К·罗斯于1819-1825年在此为米哈伊尔·尼古拉耶维奇（Михаил Николаевич）大公建造了宫殿并铺设了一条直通马尔索沃教场的花园路，从而确定了宫廷花园的布局结构。宫廷花园的东边被相同的围墙所隔开，北边是莫伊卡河的岸边，西边与叶卡捷琳斯基运河同向，南边和宫殿的正面连接起来。

就像叶腊金宫殿前一样，米哈伊洛夫斯基宫廷花园里铺设了大面积的英国草坪，草坪的开阔和色彩彰显了宫殿白柱廊的庄重之感。草坪周围郁郁葱葱的树群为宫殿增添了诗情画意，勾勒出了它的浓墨重彩。花园中铺设的林荫小路将花园路处的入口和格里博耶朵夫运河（р.Грибоедов）堤岸连接起来。这些不同的轮廓梦幻般地扩大了花园的规模，开启了人们欣赏的不同视角。

在彻底废除了旧有规则式设计，并为古典主义建造了典型风景园林之后，设计师和园艺家们精心保留了极具个性的巴洛克式水池，整个水池就好像两面半圆形

图10.6 宫殿南侧的艺术广场上矗立着普希金雕像

图10.7 按照罗斯的设计，水池的横堤上设有一座铁桥

图10.8 斑斓色叶

图10.9

图10.10

图10.11

的镜子。按照罗斯的设计，水池的横堤上设有一座铁桥，铁桥以拱形浮雕作为装饰；在莫伊卡运河的正对岸建有一凉亭并带有花岗石码头，码头上镶嵌着精致的透花生铁围墙。

在凉亭的建造中，罗斯发展了他所钟爱的抒情性小园林建筑题材。时至今日，依然可以从罗斯对布局、占地面积问题的解决方式，以及拱形通道的处理上很清晰地搜寻到此凉亭与叶腊金凉亭之间的相互关系。如同一扇开启整个园林风景的窗户，在此情景中凉亭依然保留着彼得罗夫时代的气质，并与马尔索沃教场和夏季宫殿保持着千丝万缕的联系。这两座园林的相邻使得18世纪和19世

图10.9　宫廷花园更像风景秀丽的图画

图10.10　大草坪和宫殿

图10.11　滴血教堂附近的花园入口

图10.12　花园北临莫伊卡河

图10.13　花园内林荫道

图10.14　极富艺术感的宫廷园林

图10.15　凉亭

图10.16　凉亭和码头

图10.17　落叶满地

图10.18　码头

图10.19　莫伊卡运河两岸风景

图10.20　深秋幽静的花园

图10.21　水岸对面是马尔索沃教场

图10.22　位于市中心的花园成为游客散步的好场所

纪前25年的规则式园林立体空间布局得到鲜明的对照。

　　米哈伊洛夫斯基宫殿于1898年被改建为俄罗斯国家博物馆，如今这里是圣彼得堡市区仅次于冬宫（艾尔米塔什）的第二大艺术博物馆，该馆现有藏品约40万件，包括大量传世杰作，如列宾的名画《伏尔加河上的纤夫》、《叶卡捷琳娜二世》、《查波罗日哥萨克给土耳其苏丹写回信》、布留洛夫的《庞贝城的末日》、阿伊瓦佐夫斯基的《九层浪》、别洛夫的风俗画《圣餐》、风景画大师希什金的作品《像树》等。除了绘画外，馆内还藏有大量18到20世纪的俄国雕塑作品。

图10.23　英式大草坪

图10.24　园内风景

图10.25 郁郁葱葱的树群为宫殿增添了诗情画意

图10.25

　　尽管毗邻的夏花园因其在园林史上的特殊地位而声名在外，但米哈伊洛夫斯基花园作为一处极富艺术感的宫廷园林，依然不失为游客在参观国家博物馆之余，散步休憩的好场所。今天，人们漫步在幽静的园林中，透过精致的铁艺围栏，可以静赏典雅雍容的滴血教堂，亦可在莫伊卡运河边小坐，看流水潺潺，听风声鸟语。

## 圣彼得堡植物园

Ботанический сад института им.В.Л.Комарова в Санкт-Петербурге

　　圣彼得堡植物园坐落在涅瓦河三角洲的一个岛屿上，这是圣彼得堡历史中心区一片面积不大的场地，被古老的城市建筑夹在当中，其两侧被运河环绕。从圣彼得堡市中心的"彼得格勒"地铁站出来，沿着卡尔波夫卡小河不多远就能看见圣彼得堡植物园中茂密的林木，植物园正门位于"药物"大街上，周边是当地两所著名高等院校——药物大学和电子工程大学。这座植物园始建于1714年，隶属俄罗

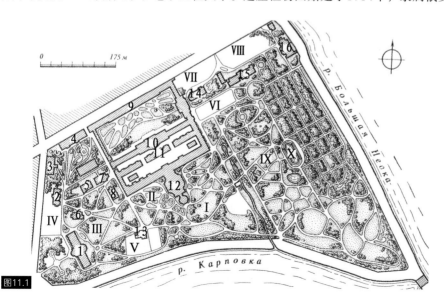

图11.1　圣彼得堡植物园总平面图（Ⅰ地带性植物区域　Ⅱ高山植物区　Ⅲ公园区　Ⅳ、Ⅴ苗圃　Ⅵ高山植物区　Ⅶ、Ⅷ苗圃　Ⅸ公园区　Ⅹ水池　1植物研究所大楼　2-8住宅　9博物馆　10-12温室　13-16服务楼）

图11.2

图11.3

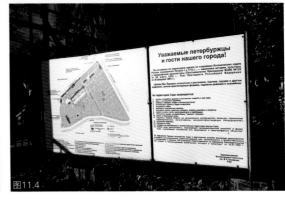

图11.4

图11.2 入口处雕塑小景

图11.3 1861年的皇家
植物园

图11.4 入口处标牌

斯科学院科马洛夫植物研究所（иститут им.В.Л.Комарова），现有面积约22.9公顷，包含树木园区（公园区）、实验苗圃和标本区、温室等部分。其中树木园区面积约16.9公顷。

圣彼得堡植物园以其浓密的绿林、宁静笔直的林荫小路、池塘以及小山与整个圣彼得堡城市的美景极好地融合在一起。树木园占据了植物园的大部分土地，成为植物园不可分割的一部分。园内植物群落包括成年的椴属、松属、西伯利亚松、桦木属、花楸属、槭树属、落叶松属、鞑靼槭、鞑靼忍冬、东北珍珠梅、丁香属及其他不同的植物种类。

进一步分析植物园的分区，从园区西南角的主入口进入，可直达植物研究所主楼，其背后是一片疏林草地，它的周围是苗圃，期间散落布置着一些宿舍楼。继续

图11.5

图11.6

图11.5　植物研究所主楼

图11.6　主楼近景

图11.7　温室一景

图11.7

图11.8 园内景色

图11.9 疏林草地

图11.10 树木园

往东是高山植物区和地带性植物分布区，其北侧是面积较大的温室区，植物园博物馆紧邻温室，沿街设置。整个园区再往东，是面积较大的树木园区，也是植物园内景致最优美的区域。办公区设置在树木园北侧，与博物馆相邻。整个树木园区中央部分是一处面积不大的水景设施。营建之初就明确了科研目的，园林设计简单、紧凑而实用，树木园的中心和西部采用自然风景式设计，东部则是规则式图案布局，园中贯穿着林荫道和小路。

　　和欧洲大部分古老的植物园一样，圣彼得堡植物园最初旨在培育药用植物，并用于满足圣彼得堡建筑工人和军队的需求。同时，按照彼得大帝的指示，园艺师们也承担着搜集珍稀海外植物的任务。起初培育药用植物时，主要精力都集中在了收集草本植物上，但是根据西吉兹别卡的资料，1736年这里的木本植物有近45种，这样就为网罗室外土地里的木本植物奠定了基础，使得圣彼得堡植物园的用途从兴建之初就显得相对广泛。此后的200年间，树木苗圃内进行了上千种世界各地的木本植物培育实验。最有趣的，最具观赏性的，同时坚韧的树木和灌木都被种植在园中并得到精心的看管。园中木本植物的数量在不同年间有650种到1000种不等，种类和形态也各具特色。1823年，在药用植物园基础上又兴建了皇家植物园，上百名经验丰富的园艺师，风景园林师及植物学家们将圣彼得堡植物园逐渐打造成为当时世界上最宏伟的科研型植物园之一，成为沙皇俄国植物科学的中心。但由于选址在低洼的岛屿上，植物园不幸遭受多次水淹，部分物种损失。为了恢复，19世纪的俄国在巴西里约热内卢设立工作站，专门负责引种工作，特别是K·I·马克西莫维奇访问巴西、智利和远东国家，购入250种种子植物和400多种活植物。1855年，著名植物学家雷杰尔担任植物园主任，他是俄罗

图 11.11　始建于1899年
的温室

图11.11

图11.12　树冠饱满的橡树

斯最早从事植物引种理论研究的学者，也是将植物园引种的外来植物应用到园林设计和观赏园艺中去有重大贡献的人，正是由于雷杰尔任职期间与国外的广泛交往，使得各种植物得以大量引入。

圣彼得堡植物园以其鲜活的植物收藏，植物标本以及植物文献收藏而远负盛名。在1913年的鼎盛时期，园内包括种、变种和品种在内的活植物种类达到10万种以上，其中采自俄罗斯不同地区的植物2.6万种；同时建成28个温室，保存着大量的热带和亚热带植物。1931年，在植物园和苏联植物博物馆基础上，成立了科马洛夫植物研究所，植物园成为植物研究所的一部分。该所保持了苏联植物学方面的领导地位，著有6卷本《苏联的乔灌木》，馆藏标本250万，藏书38000册。

圣彼得堡植物园在卫国战争时期遭遇毁灭性的冲击，战后园中植物种类急剧减少到8435种，苏铁科、棕榈、仙人掌、杜鹃以及百合、郁金香、鸢尾、藤本植物、草坪植物、丁香、药用植物、多年生岩石植物是其主要特色。这座古老的植物园由于隶属科研机构，每年从5月初到10月对游客开放，目前年游客量约25万人次。

# 雅斯纳亚·波良纳

雅斯纳亚·波良纳，俄语意为"明媚的林间空地"，是位于俄罗斯联邦图拉州首府图拉市郊外的一座幽静的庄园，全称"雅斯纳亚·波良纳—列夫·托尔斯泰（Лев. Николаевич.Толстой）庄园博物馆"，距离首都莫斯科约195公里，占地384公顷。一代文豪，享誉世界的俄国批判现实主义作家列夫·托尔斯泰（1828-1910年）曾在此度过一生中的大部分时光。

这座庄园最早是由托尔斯泰母亲的祖先创建的。托尔斯泰的母亲出身显赫，其祖先是彼得大帝的近臣，是第一批被封为贵族的俄国高官。后来，托尔斯泰的外祖父、曾任俄国驻柏林大使的沃尔康斯基公爵继承了这份遗产，后成为托尔斯泰的母亲出嫁时的陪嫁。1828年，托尔斯泰在此出生，并度过了其童年和少年时光。1847年，托尔斯泰自喀山大学退学，返回雅斯纳亚·波良纳，并正式继承了这份遗产，成为庄园的主人。此后的漫长岁月中，除了出于为子女教

图12.1

图12.1 列夫·托尔斯泰肖像（列宾画）

113

图12.2 庄园平面图（1.楔形规则式园林区 2.风景园区 3.苹果园 4.温室区 5.花坛区 6.网球区 7.沃尔孔斯基楼 8、9.博物馆 10.亭 11.温室 12.浴池 13.塔楼 14.主入口石砌圆柱 15~18.水池 19~24.林荫道 25.大白杨树 26.大水池旁的柳树 27.齿状桠木）

图12.3 庄园风景（油画，1990年）

图12.4 庄园入口导游图

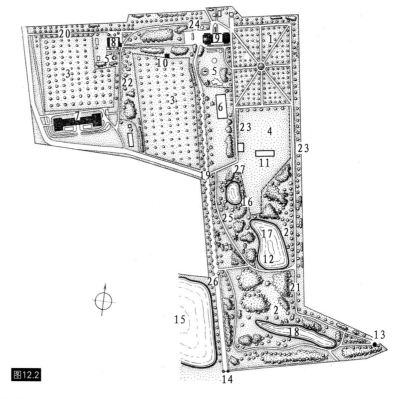

图12.2

图12.3

图12.4

育考虑曾在莫斯科短暂居住外，托尔斯泰一直生活在这个庄园里。

庄园是俄罗斯园林体系中一种独具地域特性和民族气质的艺术形态，大约起源于15世纪。当时在首都莫斯科的近郊开始出现一些贵族和教会村庄，这便是庄园的雏形，亦称作领地。通常，地主们在这里拥有一片土地、牧场、森林、湖泊、池塘和河流，外加农奴。这时期的庄园有很大的生产性质和实用功能，人们在这里建磨坊，发展畜牧业，例如养马、喂牛、看羊、养蜂、狩猎或捕鱼等，为庄园的主人们在城里服役提供生活资料，同时为他们郊野度假提供一个休息的场所。真正意义上

图12.5　庄园入口

图12.6　庄园处入口景观

图12.7　水池1

图12.8　水池2

图12.9　白桦林荫道春景

115

图12.10 白桦林荫道秋景

图12.11 水池

图12.12 故居冬夜

的庄园，作为一种独立的园林文化，兴起于18世纪中叶。1762年，彼得三世发布了"贵族自由令"，解除了社会上层代表贵族们必须为国家多年服务的义务。那些受过良好教育、拥有财富和领地的贵族们回到自己的领地之后，开始大兴土木、建造宫殿楼房、开辟园林花圃、收购名画和雕塑、组建私人戏院、独出心裁地装饰和布局等，把自己的领地建成了一个仅次于皇家花园的地方——庄园。

托尔斯泰庄园隐秘在图拉市郊外一片广阔的天然森林和草甸之中。庄园入口是两个石砌圆柱，圆柱很粗，但并不高，刷成白色，其上冠以绿色铁皮顶，朴素而简洁，为庄园的整体气韵定下了基调。进得大门，前方是一条白桦树林荫道，笔直通向森林深处无尽的远方。林荫道将庄园分隔成东西两部分，左侧是一汪宁静的湖水，清澈而辽阔，右侧一大片风景林簇拥着狭长形的水面，即下水池，下水池往北地形渐渐上抬，一座水闸连接着两个水位有些落差的池塘，依次为中水池和上水池，据说这水闸是托尔斯泰亲手修建的。中水池东侧有一棵巨型古杨树，附近还设有独立浴室，均为19世纪庄园内常见的景致。下水池北侧是一块平坦而开阔的绿地，这里设有庄园的温室，其后是规整的果林，呈米字形分隔。

图12.13　白桦木桥

图12.14　风景林与耐阴
地被

图12.15　故居近景

图12.16　茅草木屋

图12.17　庄园风景

图12.18　庄园故居1

图12.19　庄园故居2

白桦林荫道引着游人通向庄园最深处，在绕过一块点缀着花坛的空地之后，可看到几棵大橡树掩映下的一处绿顶白墙小楼，即托尔斯泰故居。楼高两层，墙上爬满绿色植物，显得简朴而充满乡村气息。室内陈设更是简单，只有一些生活办公的必需品如桌椅、台灯、一定数量的藏书和一架钢琴。在作家82年的人生历程中，有60个春秋是在这栋小楼里度过的，托尔斯泰一生中最重要的几部作品：《战争与和平》、《安娜·卡列尼娜》、《复活》均完成于此。故居往西，沿着乡间小路，穿过一片苹果林，便来到庄园内的另一主要建筑——沃尔孔斯基楼（Дом Волконского），

图12.20　林间草地　　　图12.21　郊野风光

图12.22　苹果树下　　　图12.23　木屋

图12.24　林间草地　　　图12.25　小木屋与花圃

这是一栋白色欧式楼房，体量比故居小楼大很多，但也并不精致，据称为托尔斯泰的外祖父所建，如今作为文学陈列馆，展出作家的生平与文学成就。沃尔孔斯基楼南侧是马厩，现有专门的饲养员管理，周边均为果园，远处以大片天然森林为背景，在蓝天的映衬下呈现出浓郁的俄罗斯郊野风情。

在沃尔孔斯基楼北侧的大片苹果林背后，一条林间小道通向密林深处，在道边的一棵大树下，静卧着列夫·托尔斯泰墓。

图12.26　庄园木屋

图12.27　通向农场与马厩的泥路

图12.28　庄园马厩

名为墓地，其实只是一方矮矮的土堆，上覆油油绿草，却并无任何碑文、标记或者十字架，若非路牌指引，路人实在难以觅到如此幽僻之地。墓地身后，是莽莽林海，站在此处，只能听闻百余年来不曾有过任何变化的风声鸟声，再无任何人工景观。

托尔斯泰庄园是19世纪俄罗斯贵族庄园的典型。庄园的整体格局和大部分建筑，是托尔斯泰的外祖父营建的，托尔斯泰本人生前在庄园植树造林约180公顷，其中包括大片云杉林，并发展苹果园30公顷。从规划格局和建筑布局来看，俄罗斯庄园的规划简单而实用，较多考虑的是生产和生活起居的便利以及建设成本的可控。但也并非不重视景观功能，相反，由于庄园主大都身为贵族，自幼受过良好教育和艺术熏陶，且多亲自参与庄园的规划建设，有的甚至连生产劳动都亲力亲为，庄园于是渐渐融进了主人的生活态度和情感方式，很多细节处体现着主人的哲学观与审美取向。俄罗斯庄园之美有别于莫斯科和圣彼得堡的皇家花园，这里处处散发着乡间泥土的芬芳，具有强烈的生命感，其归于自然的永恒魅力经久不泯，深可探寻。

俄罗斯庄园的意义，首先在于它体现着俄罗斯民族的自然观，体现了庄园主人对自然文化的认同和对土地的尊重。比之于皇家园林的规划营建动辄大兴土木，俄罗斯庄园的建设更讲求对自然环境的顺应，即对场地的改造采取更为妥协的态度。

图12.29

图12.30

图12.31

图12.32

图12.33

绿化造林在某种程度上带有生产性，几乎全部选用与当地气候相宜的草木，浑然天成的景致模糊了自然与人工的界限，让人驻足其间不会产生民族身份的陌生感。森林、牧场、果园、田埂、花圃、池塘等，都是庄园中最典型的景观形态，它们之间的过

图12.29　沃尔孔斯基楼正立面

图12.30　沃尔孔斯基楼　　图12.31　沃尔孔斯基楼侧立面

图12.32　庄园马厩　　图12.33　托尔斯泰墓

图12.34　庄园秋景1

图12.35　庄园秋景2

122

渡朴实而单纯，毫无矫揉造作的生硬痕迹。建筑的兴建讲求实用，庄园内一般都有体量较大的主体建筑，以巴洛克风格居多，与皇室宫殿相比，褪去了奢华的内外装饰，功能布局紧凑，选址贴合环境。而温室、马厩、厨房、浴室等小建筑多为传统俄式木结构，设置在交通便捷的果园、花圃、湖面或林地近旁，更具有俄式乡村风情。季节的交替带来庄园整体景观色调的演变，从覆盖着皑皑白雪的冬季到洒满金黄色落叶的深秋，俄罗斯庄园总是以其辽阔和深邃固守着地域景观的民族本性。

俄罗斯庄园的意义还在于，它逐渐演变成为19世纪俄国上流社会活动，特别是文学艺术活动的中心。庄园是广袤辽阔的俄罗斯地域文化的一个缩影，美丽的自然风光首先为俄国文学家和艺术家提供了很好的创作素材。列夫·托尔斯泰本人所创作的文学作品中，主人公

图12.36

图12.36　庄园雪景

图12.37　庄园秋景3

的生活起居场所，很多是以雅斯纳亚·波良纳为蓝本的；而在绘画艺术领域，自风景画大师列维坦始，列宾、瓦斯涅卓夫、波列诺夫、谢罗夫、格鲁别尔、苏里科夫、科罗文、涅斯杰罗夫等艺术大师，在表现俄国壮丽的自然风光时，都从俄罗斯特有的庄园艺术中汲取过养分。列宾本人与托尔斯泰私交甚密，他的多部画作直接取材于雅斯纳亚·波良纳庄园景观。同时，贵族庄园作为风景优美的郊野休憩场所，还

图12.37

图12.38　庄园秋景4

图12.38

为俄国上流社会的文学家、艺术家的聚会提供了重要的交际平台，新的哲学思维和艺术思想在这里碰撞，激发了俄国艺术家的创作激情与灵感，这本身已成为史学家探究的课题。

　　进入20世纪以来，不曾间断的革命和战争几乎彻底摧毁了俄罗斯庄园这一独特的文化与景观现象，许多庄园建筑群被铲除或废弃了。雅斯纳亚·波良纳庄园却因地处僻远并未遭到太大的破坏，并经苏俄政府修葺，基本保持了原貌。如今，庄园整体已被辟为国家级自然保护区和纪念博物馆，由托尔斯泰的后人负责管理。

# 新圣母修道院及名人墓园

新圣母修道院是俄罗斯现存的最为重要的宗教园林建筑群之一，位于首都莫斯科市西南靠近莫斯科河畔的一处浅滩，面积约7公顷，距离克里姆林宫约4公里，它是莫斯科市区除红场及克里姆林宫建筑群外，第二处被联合国教科文组织列入世界文化遗产保护名录的历史古迹。

新圣母修道院的历史可以追溯到公元1514年，瓦西里三世大公在斯摩棱斯克城（Смоленск）取得军事胜利，并将其从立陶宛公国成功划入俄国版图。为了纪念这场伟大的胜利，他许诺要在首都莫斯科建一座修道院，其最初目的是为了供奉斯摩棱斯克最神圣的圣母圣像。

修道院于1524年奠基，历经100多年建设，整个园林建筑群于17世纪末基本建成。它由一系列的教堂、钟楼、塔楼、雕像、墓碑以及高大乔木与优雅的花园构成，

图13.1　修道院外墙立面全景

图13.1

图13.2　修道院全景

图13.3　高大的色叶乔木

图13.4　倒影

图13.5　主显圣容教堂

其外围是一组红白相间的高大塔楼与围墙，整体景观面貌古色古香、极其和谐。

新圣母修道院在俄国的宗教园林建筑史上占有极其重要和特殊的地位，它与俄罗斯的政治、文化和宗教历史密切相关。自落成之日起，这里就接受沙皇的妻子和女眷们，以及莫斯科的显赫贵族和公爵家族出身的女士们剃度出家。长眠于此的历代比较著名的修女包括沙皇费多尔·约安诺维奇的遗孀伊莉娜皇后、沙皇彼得大帝的姐姐索菲亚公主和她的姐妹、彼得大帝的第一任妻子洛普辛娜与她的姐姐叶卡捷琳娜等。1812年拿破仑占领莫斯科后，也经常出入于新圣母修道院。

宏伟壮丽的斯摩棱斯克大教堂是修道院里最著名的历史建筑，修建于1524-1525年间。4个绿色的圆顶簇拥着一个镀金的大圆顶，上面耸立着金色的十字架，在阳光下闪烁神采。教堂内部的水彩壁画装饰是俄罗斯艺术史上16世纪的绘画艺术瑰宝。1680年，大教堂的圣像壁庄严落成，这是俄国皇家圣像画大师西蒙·乌沙科夫（1626-1686年）生前最后一件巨作。大教堂一侧高高耸立着修道院钟楼。钟楼建成于1690

年，按照莫斯科巴洛克建筑风格设计，呈八面形五层塔状，自下而上逐层缩小，一道道白色石头花边从钟楼底部直到顶部，凸显出其玲珑和精巧。

图13.6　大教堂前雕像　　图13.7　修道院内雕像

图13.8　雕像　　　　　　图13.9　修道院内的墓碑

　　修道院的斋堂和圣母升天教堂由索菲亚公主出资修建。而两座门楼教堂：圣母庇护教堂和主显圣容教堂，同样是在索菲亚公主的参与下建成，两座教堂均为巴洛克风格，使用大量白石制品，外观醒目。尤其是主显圣容教堂，坐落在修道院北门之上，有5个圆顶，上面嵌有白色石头雕刻成的贝壳状装饰物，显得宁静而优雅。

　　红、白、金三色构成了新圣母修道院建筑的主色调，整个建筑群高低错落，融于绿色的园林之中，如同一座充满了艺术气息的古堡。修道院外是莫斯科河，高大的色叶乔木形成河岸风景林带，在景观层次上构成对修道院的视觉缓冲，而整个主景又置于列宁山茂密的森林大背景下，使其从任何一个角度观赏都非常美丽。

　　在俄罗斯开启园林西化进程之前，宗教园林艺术一直是俄罗斯园林的一种重要景观形态，但此时，俄罗斯园林还没有形成独立的、完全脱离实用主义的造园风格。以新圣母修道院为代表的俄罗斯宗教园林，其景观空间的塑造在当时还没有成为一种真

图13.10

图13.10 修道院冬景

正意义上的艺术自觉。而现今留存的修道院内外的园林绿化，均已经过了历次改建，分析其景观构成，可窥见俄罗斯自然风景园的演变痕迹。

毗邻新圣母修道院，有一个以红色砖墙围合，占地约7.5公顷的墓园，这便是欧洲三大公墓之一——著名的新圣母公墓（名人公墓）。

自19世纪起，这里成为俄罗斯著名知识分子和各界名流的最后归宿。如今园内已长眠着2.6万余亡灵，他们都是在俄罗斯历史发展进程中起过重要推动作用的精英。因其墓主的灵魂与墓碑的艺术巧妙结合，形成了特有的俄罗斯墓园文化，使得这里成为各国游客在莫斯科旅行时最爱去的地方之一。

树林、绿篱、草坪、鲜花簇拥着一组组富有极高的艺术水准的碑林，在不远处新圣母修道院高高耸立的大教堂和钟楼金顶的衬托之下，构成了别有韵味的墓园景观。

新圣母公墓目前分为11个墓区，呈规则式布局。墓区之间由林荫道和绿篱分隔，在古老而高大的树荫下，一方方造型各异的墓碑罗列出一种紧凑的人文秩序。在这看似拥挤却又充满了浪漫主义气息的艺术空间里，长眠着作家果戈理、契诃夫、马雅可夫斯基、法捷耶夫，作曲家肖斯塔科维奇，戏剧理论家斯坦尼斯拉夫斯基，舞蹈家乌兰诺娃，播音员尤利·鲍里索维奇·列维坦，飞机设计师安德烈·图波列夫、

图13.11

图13.12

图13.13

图13.14

瓦维洛夫，政治家米高扬、赫鲁晓夫、叶利钦……

在众多富有艺术个性的名人墓中，首先值得一提的是20世纪30年代迁入的，以果戈理为代表的19世纪一批文化名人的墓。1931年，莫斯科进行大规模的城市建设改造，埋葬19世纪名人的丹尼尔修道院公墓被废除，其公墓中的部分名人遗骸被迁到新圣母修道院公墓，此举陡然增加了新圣母修道院的文化重量。虽然果戈理生前再三要求后人不要为他树立墓碑，但是如今在新圣母公墓内，果戈理墓依然以其洁白而显眼的半身石像和柱形花岗石碑身吸引着他的读者，尽管据说当年迁墓时，果戈里的遗骸上并没有头颅骨。与果戈理墓相邻的，便是19世纪末俄国伟大的批判现实主义作家契诃夫墓。

同样是作家，在幽深的墓园中，《钢铁是怎样炼成的》的作者尼古拉·奥斯特洛夫斯基临终前一刻被定格在一块深色石板上，他将一只手放在书稿上，饱受疾病折磨的身体微微抬起，眼睛凝视着远方。墓碑下面还雕刻着伴随了他大半生的军帽和马刀。

天才音乐家德米特里·德米特里耶维奇·肖斯塔科维奇的墓碑藏在一个并不起眼的角落里，没有头像，只有石碑，碑刻名字下面是一段五线谱，寥寥几个音符概括性地诠释了一代大师永不枯萎的艺术生命。

图13.11　斯摩棱斯克大教堂

图13.12　大教堂金顶

图13.13　塔楼与红墙

图13.14　修道院围墙

129

图13.15

图13.17

图13.16

图13.18

图13.19

图13.20

　　而在另一块硕大而洁白的大理石上，苏联芭蕾舞大师乌兰诺娃舞姿曼妙，《天鹅湖》中的经典瞬间被定格成永恒的碑刻。

　　莫斯科大马戏创始人尤里·弗拉基米洛维奇·尼古林的雕像端坐在一片松林里，他的面前静卧着最忠实的朋友——那条聪明的狗，据说爱犬在他去世后一天也随即死去，这是心灵交融的结果让人为之动容。

　　米格战斗机设计师米高扬的墓碑简洁而传神，一架插入云霄的米格战斗机浓缩了他毕生的理想和追求。

　　在新圣女公墓上万碑林中，最朴素的就是军人的墓碑。莫斯科保卫战三英雄：多瓦托尔少将、飞行员塔拉里欣中尉、潘菲洛夫·伊万·瓦西里耶维奇少将的3座墓碑基座相连，碑前一方红色长明火雕塑令人印象深刻。埋在这里的还有率领蒙古骑兵从顿河杀到柏林的红军骑兵总监奥卡·伊万诺维奇·戈罗多维科夫上将、德拉贡斯基坦克兵上将、德罗兹多夫炮兵上将、布尔坚科卫勤上将等一大批红军将领。

　　最后来拜访一下曾经在国际舞台上叱咤风云的政治家们。赫鲁晓夫的墓上立

图13.21　奥斯特洛夫斯基墓（作家）

图13.22　果戈理墓（作家）

图13.23　赫鲁晓夫墓（前苏共中央第一书记）

图13.24　马雅可夫斯基墓（诗人）

图13.25　A·M·米高扬墓（米格战机设计者）

图13.26　莫斯科保卫战三英雄墓

着一块约3米高、2米宽的墓碑，墓碑由黑白两色的花岗石几何交错在一起，赫鲁晓夫的头像就夹在黑白几何体的中间。雕塑家涅伊兹维斯内通过黑白两色交错的花岗石表现了赫鲁晓夫鲜明的政治个性和他一生的功过是非。赫鲁晓夫的头颅从花岗石中探出来，微笑着倾听后人对自己的评价。

　　俄罗斯前总统叶利钦的墓是新圣母公墓内最新落成的规模相对较大的一处。由于当时叶利钦去世比较突然，相关部门甚至事先没有做好为他预留墓地的准备，导致其现在的墓占据了一部分人行道。一块四周摆放着花钵的方形草地中央突起，前总统

图13.27　乌兰诺娃墓（舞蹈家）

图13.28　А·И·米高扬墓（前苏联部长会议副主席）

图13.29　肖斯坦科维奇墓（音乐家）

图13.30　叶利钦墓（俄罗斯前总统）

图13.31

图13.32

图13.33

图13.34

图13.31　尼古林墓（前苏联大马戏团团长）

图13.32　墓碑1

图13.33　墓碑2

图13.34　墓园平面图

的遗骸置于东正教十字架下，其上覆盖着青青绿草，十字架前搁着叶利钦的彩色半身照。

　　近年来，新圣母公墓内的墓葬用地已近饱和，没有更多地方可以埋葬新去世的名人了。如今在俄罗斯，许多富有的寡头和新贵想通过捐助巨款为自己将来在新圣母公墓内预留一席之地，此举遭到了几乎全体国民的强烈反对，俄罗斯人不允许金钱玷污这块圣地。政府为此成立了一个特别委员会，对将入葬新圣母公墓的成员资格进行严格的审查。

图13.35 修道院外河岸
景观

图13.36 墓园雪景

在莫斯科市民眼里，新圣母修道院及其墓园是一处宁静而充满神圣感的园林。每年更有难以计数的国外游客慕名来到莫斯科河畔，来到新圣母修道院和名人墓园里，在这里找寻历史的记忆，聆听教堂的钟声。

与沙皇俄国的其他一系列改革一样，被早期盛行的宗教和经院教条主义意识形态所禁锢的艺术领域的变革，特别是艺术家们力图真实地描绘大自然和风景园林艺术的期望也是在彼得大帝（Петр I，1672-1725年）时代实现的。18世纪的科学考察在研究大自然和俄罗斯的自然资源方面起了很大的作用，并且引领俄罗斯的地理科学走向世界前沿的位置。在此背景下，彼得大帝的改革为风景画的出现创造了可能性。俄国艺术逐渐从表达宗教思想转换到关注日常问题，反映和认识周围世界上来。

## 1 18-20世纪初俄罗斯风景画的发展历程

### 1.1 18世纪的俄罗斯风景画

在彼得大帝时代，风景画的题材主要有两种类型，其一是战役题材，例如描绘宣扬彼得罗夫胜利的战役；其二是风景题材，例如描绘城市、宫殿园林建筑群、修道院以及单独的建筑物。俄罗斯风景画在其产生之初就与所宣扬的爱国主义和先进文化紧密联系在一起。各种绘画、版画、插图以及在当时欧洲艺术中盛行的寓意体系共同服务于这个目的。它们让俄罗斯人了解了神话，宣传了新的国民和个人道德原则。

彼得大帝时期的艺术与现实发展之间的联系首先直接地体现在版画的创作上。为了描绘战斗场景和体现其中的寓意，彼得大帝在版画家与军队掌旗官当中找到了

图14.1

图14.1 彼得宫——丛林深处的斑斓树影

图14.2 彼得宫（夏宫）——节日庆典装饰风景

他所需要的画家——A·Ф·祖波夫（А.Ф.Зубов，1682-1744），后者也成为了俄罗斯第一位风景画家，其作品《圣彼得堡全景（1716年）》是彼得大帝时期最具有代表意义的俄罗斯版画作品。

18世纪40-50年代俄罗斯艺术迎来了新的鼎盛时期。这一时期，风景写生画家的主要任务之一是装饰和布景，例如对俄国的宫廷歌剧院、芭蕾剧院以及带有凉亭和花园的宫殿进行内外装饰，对庆祝会上的舞美效果进行设计，烟火及彩灯的装饰等。此外，这一时期新艺术观的先进性还体现在全（远）景城市风景画的发展上。风景画家在描绘城市和庄园风景的时候变得更加有人情味，更加艺术化。在保留了纪实画面的同时，远景和全景成为这一时期风景画的特点：与整排的建筑物同时出现的是建筑物内部的敞开空间，这给人带来一种高度概括、热情洋溢之感。

18世纪下半叶，占统治地位的是具有丰富内涵的、有思想性的艺术。这种艺术被看作是对公民和个人进行道德教育的手段。

在18世纪60年代，俄

图14.2

136

罗斯农奴制的末期，新的资本主义生产关系开始萌芽，从而导致了封建主义的瓦解。诺维科夫（Новиков）、冯维新（Фонвизин）、克雷洛夫（Крылов）、拉吉舍夫（Радищев）以及其他18世纪下半叶的艺术家的主要活动便是为争取民族文化艺术而战。在当时，描绘自然的风景画起了相当大的作用并占据显著位置，而且还常常成为旅行文学的主题。

　　整个18世纪的俄国，艺术家们对于大自然的感受是：用略带悲观的抒情的方式来观察大自然，对于易朽的大地上的一切做出幻想性沉思。他们向往乡村生活，希望感受到自己一直在大自然的怀抱中，这种强烈的愿望体现在风景画以及自然风景园的产生和发展时期，并且在风景画的装饰布景，例如宫殿和庄园的风景壁画的发展上打上了烙印。

### 1.2　19世纪的俄罗斯风景画

　　18世纪末至19世纪初的风景画是按照确定的标准构图的。这些标准包括：清晰而具有整体性的画面；所有的风景画都具有外形匀称的浅浮雕；经典的三色成为构图时配色的基础；植物被象征性地描绘出来；后景成为了主要的部分。这一时期，与壁画同时出现的是以纯风景描绘园林、森林、狩猎场等等。风景的题材在剧院的装饰中也得到了发展。农奴画家舍列梅季耶夫（Шереметьев）以及杰耶罗夫（Деелов）、敦科夫

图14.3　彼得宫——秋风扫落叶

图14.4　彼得宫——下花园的喷泉

图14.5　宫殿、雕像、色叶乔灌木与模纹花坛——景观元素的组合

（Тонков）、贡扎戈（Гонзаго）的画稿就很有代表性。建筑主题与风景题材一起在剧院装饰、观赏性壁画中起了很大的作用。1810年代，观赏性的风景壁画在达到全盛期后开始逐渐消逝，为由其发展而来的风景画架画让出了位置。

19世纪下半叶，久负盛名的巡回展览画派推出了一系列杰出的风景画家：萨弗拉索夫（Саврасов）、克洛德特（Клодт）、希什金（Шишкин）、瓦西里耶夫（Васильев）、库因德日（Куиндж）、波列诺夫（Поленов）等等。他们创作了真实的、内涵深刻的、热情洋溢的俄罗斯自然形象，这种形象被理解为祖国特色。巡回展览派艺术家中的风景画家在其画作中表现了自然的富足以及威力——河流的汛期、森林、结满麦穗的庄稼地；描绘了不同状态的大自然——万物复苏欣欣向荣的春季、忧伤的秋季、略带倦意多姿多彩的夏季以及熟睡的冬季。在这些形象中，既表现出了对于生活的热爱，对于未来的信心，

图14.6 皇村——黑色雕像与金色树叶相得益彰

图14.7 皇村——秋天的叶卡捷琳娜宫

图14.8 皇村——湖岸风景

又表现出了受压迫人民的悲伤。俄罗斯的风景画在描绘大自然方面，空前地发掘了人类感情的表达手段，例如：列维坦（И.Левтитан）的画作《三月》（Март）就表达了自然的活力以及状态，而他的另一幅画作《乌拉基米尔卡》（Владимирка）则运用风景手段表达了公民思想以及社会感受。从瓦西里耶夫到列维坦，俄罗斯风景画大师们抒情地、诗意般地去理解大自然的创作方式得到了发展。

风景画的发展既与科学知识的发展联系在一起，同时也与诗意化的情感，与诗歌创作的发展紧密相连。俄罗斯风景画研究和反映了自然，是人们认识自然的手段之一。风景画作为一幅直观的画面，教会人们如何更好地观察自然，更加深入到自然里面，去理解自然现象。伟大的俄罗斯自然科学家А·К·季梅里佐夫（А.К.Тимирязов）喜爱并且珍视风景画。他写道："显然，逻辑自然研究者和自然美感鉴定家之间存在着某种内在的有机联系。"

图14.9

### 1.3　20世纪初的俄罗斯剧院装饰艺术

以1917年俄国十月革命为界，在研究20世纪初的俄罗斯风景画的发展时，必须重点探讨俄罗斯剧院装饰艺术的成就。许多风景画家认为，园林图纸的绘制与剧院的装饰之间有着非同寻常的相似性——它们都拥有多重布局结构，建立在三维空间上，且拥有强大的情感作用。所以，园林风景画布局与剧院装饰艺术十分相似，这就是为什么很多园林史学者要了解俄罗斯优秀剧院的戏剧布置及装饰画稿的原因所在。

19世纪末20世纪初，法国、意大利、德国都有剧院装饰工厂，俄罗斯的皇家剧院早期也抄袭了这些装饰。而随着风景画家的创作实践进入到俄罗斯剧院，19世纪80年代迎来了俄罗斯风景画的又一转折时期，即在剧院确立新的传统，并且这股潮流从俄罗斯席卷到了西方（法国，意大利）。风景画家瓦西里耶夫、夫卢别雷（Врубель）、科罗维亚（Коровия）、列维坦、波列诺夫开始对确定的剧目进行舞台背景装饰，仔细研究故事的时间、地点、传统、历史以及服装。

20世纪初，别努阿（Бенуа）、巴克斯特（Бакст）、戈多温（Годовин）等风景画家来到了剧院，他们把剧院装饰艺术带到了世界领域。导演和画家如同伙伴一样共同合作，事实证明这种现象有利于戏剧的成功产生，甚至许多著名的导演都来自于画家圈子——阿基莫夫（Акимов）、多夫任科（Довженко）、科津采夫（Козинцев）等。

图14.9　皇村叶卡捷琳娜园——红砖砌成的海军部

139

图14.11

图14.12

图14.10

图14.10　皇村叶卡捷琳娜园内的自然式风景

图14.11　叶卡捷琳娜园——沿大水池的滨水步道

图14.12　幽静的皇村

## 2　俄罗斯风景画的代表人物

自18至20世纪初的200多年间，伴随着俄罗斯风景画波澜壮阔的发展历程，产生了一批擅长描绘宫殿园林与自然风光的风景画大师。马哈耶夫、伊万诺夫、谢德林家族、马特维耶夫、贡扎戈等是他们中间的代表人物。

### 2.1　М·И·马哈耶夫（М.И.Махаев，1718-1770年）

马哈耶夫是18世纪中期俄国城市风景画的创始人。在彼得大帝所创立的科学院，雕刻艺术处在一个极高的艺术水平上，并形成了一个新的俄罗斯雕刻家流派，而在这些艺术家中比较突出的就是马哈耶夫。1745年马哈耶夫被授予了一个极其重要的工作——雕刻出"俄罗斯帝国地图册"。1746年他创作了风景画《圣彼得堡》。马哈耶夫轻松、优美且富有动感的绘画手法与圣彼得堡的建筑特色相符。1756-1758年间他创作了大量描绘彼得宫、奥拉宁鲍姆、皇村等皇家规则式园林的作品。

### 2.2　西蒙·菲得洛维奇·谢德林（Семен.Федорович.Щедрин，1745-1804年）

西蒙·菲得洛维奇·谢德林堪称俄罗斯风景画的鼻祖。他是学院派艺术家中第一个被公认的风景画家并成为了第一位风景画教授。1776年至1804年担任风景画派的领导，1799年起开始担任雕刻风景画派的领导。谢德林为学院艺术风景画全日制系统教育奠定了基础，他取代了以往利用国外模式的做法，创建了民族高等教育传统。后来，谢德林成了用画笔歌颂巴甫洛夫园、加特契纳、彼得宫等著名园林的诗人，从而最终定型为一位风景画家。在其创作中，宏伟的观赏性作品占据了很大的篇幅。这些作品不仅表现出大自然的热情洋溢，还在改变俄罗斯观赏性壁画的特点上起了较大的作用。

### 2.3 М·М·伊万诺夫（М.М.Иванов，1748-1823年）

创作城市风景画是М.М.伊万诺夫在青年时期所进行的主要艺术实践。他的风格是带有艺术性内容的古典主义。创作时，画家追求绘画的清晰性和客观性，这也成了他战胜单纯的观赏性和克服循规蹈矩式创作的主要手段。

伊万诺夫并不只是把官能感受，而是把逻辑认知提到了首要的位置，在他的作品中，客观认识取代了主观认识。1780年1月他前往南方，在那里描绘了克里木、格鲁吉亚、亚美尼亚的风景。1785年伊万诺夫被授予院士称号。1804年起（谢德林逝世之后）除了战役画派，他还领导了风景画派。

伊万诺夫所创作的绘画带有确定的风景点，他追求线条的简洁、构图的清晰以及风景的特色。在伊万诺夫的作品中可以发现新的水彩技术。在他的笔下，"幻想诗被转换成了热情洋溢、充满感情的散文"。

### 2.4 费德勒·米哈伊洛维奇·马特维耶夫（Федор.Михайлович.Матвеев，1758-1826年）

费德勒·米哈伊洛维奇·马特维耶夫的创作强调了整体性和绘画的清晰感，同时继承了风景画传统。对比谢德林与马特维耶夫的画作可以很明显地分辨出主要的风景：马特维耶夫用层峦叠嶂的排山取代了平坦的群山轮廓。他的画作布局都是严格的正面风景，具有沉稳的特点。他清晰地描绘出了

图14.13

图14.13　希什金笔下的俄罗斯森林

图14.14　马哈耶夫1753
年创作的圣彼得堡城市
风景画

图14.15　马哈耶夫1759
年创作的皇村内的艾尔
米塔什

大自然宁静、高尚的形象。树木的叶子伴随着树种的转变，这些都被仔细地刻画出
来，突出了对色彩的态度。

### 2.5 普耶特罗·戈特塔尔多·贡扎戈（Пьетро.Готтардо.Гонзаго，1751-1831年）

普耶特罗·戈特塔尔多·贡扎戈于1792年来到俄罗斯，为沙皇工作服务了40年，
是俄国上流社会闻名遐迩的艺术文化活动家。贡扎戈的艺术是一种巨大的、复杂的、
多元的现象。他兼剧场装饰艺术家、宏伟的壁画大师以及风景园林大师等多种职业
于一身，其中风景园林是他的主要职业。像早期古典主义的其他许多艺术家一样，
贡扎戈的创作中包含了先于艺术潮流的实质性特点。1798-1800年在巴甫洛夫园工作
期间，贡扎戈创造了金銮殿的彩绘天花板，以及著名的巴甫洛夫斯克宫美术馆。他
大胆地将现实的建筑与绘制的建筑视为同一，在贡扎戈的笔下，自然空间与图画空
间一起带有抽象印记。

在剧院装饰上，贡扎戈突出的特点是"擅于描绘风景的确定性倾向"。同时，他
还在室外装饰布置中获得了成功。

贡扎戈同时又是一名杰出的风景园林大师，他在巴甫洛夫斯克创作了白桦林区
以及庆典场（阅兵场）的园林风景。在他看来，风景装饰画稿和园林植被栽种画稿
之间有许多相近之处，装饰获得了风景画的特点。他还写了一篇名为《眼睛的乐曲》
的专题论文，当中阐明了空间—体积布局的基本原则。

### 2.6 西丽韦斯特尔·费多谢叶维奇·谢德林（Сильвестр.Федосеевич.Щедрин，1791-1830年）

西丽韦斯特尔·费多谢叶维奇·谢德林是19世纪至20世纪初的俄罗斯现实主义风
景画的代表性人物。他出身于艺术世家，是著名的雕塑家、教授、艺术院副校长费多
斯·费德勒维奇·谢德林（Федос.Федорович.Щедрин）的儿子；是风景画家谢米扬·费
德勒维奇·谢德林（Семен.Федорович.Щедрин）的侄子；还是伊万诺夫、阿列克谢耶

图14.16    图14.17

夫（Ф.Алексеев）、托马·杰·托蒙（Том.де-Томон）的弟子。西丽韦斯特尔·谢德林1812年毕业于艺术院，成为一名画家。1818年后在意大利度过了自己的余生。

　　谢德林的风景画的特点是进行生活写实，在写实中揭示，阐明自然形象。这影响了萌芽中的俄罗斯日常生活题材风景画。谢德林在其画作中创造了清晰、和谐、完整、与事实相符的自然形象，由此便确定了谢德林艺术的高度以及其在俄罗斯风景画历史上的地位和作用。以谢德林等为代表，19世纪俄罗斯风景画取得了公认的世界地位。

图14.16    西蒙·菲得洛维奇·谢德林1777年的作品——皇村大水池内的岛

图14.17    西蒙·菲得洛维奇·谢德林1777年的作品——皇村风景

## 3    俄罗斯风景画与俄罗斯传统园林的关系

　　从自然哲学观，到具体的技法技艺，再到创作实践的对象和领域，俄罗斯风景画的发展与俄罗斯传统园林有着千丝万缕的联系。历史上，许多风景画家直接参与了圣彼得堡郊外众多艺术园林的营建，而有些造园师本身就是在艺术院校接受过系统训练的画家或雕塑家。造园家兼画家、雕塑家，甚至诗人于一身，绘画与造园技艺相互影响促进，成为俄罗斯传统园林史上一个普遍现象。18世纪下半叶，俄罗斯风景画中的构图原理被应用于巴甫洛夫园、加特契纳等园林的空间营造，而俄罗斯自然风景园中的优雅风光同样是众多风景画家争相描摹的永恒题材。因此也可以说，是俄罗斯风景画派的艺术大师们和造园家一起，在艺术实践中构筑了独具魅力的俄罗斯风景艺术。

### 3.1    自然观、宗教精神及审美的同源

　　纵观各历史时期俄罗斯的风景画和风景园林作品，它们大都追求辽阔、壮丽、恢弘的气势以及宁静、沉郁的风格，散发着浑厚、凝重和略带忧郁的艺术气质。这显然深受俄罗斯地域特征的影响：俄罗斯虽然幅员辽阔，但传统上的欧洲部分地形以平缓的平原为主，湖泊和沼泽遍布，一年中常为冰雪覆盖；同时，俄罗斯又是一

143

图14.18 西蒙·菲得洛维奇·谢德林1796年的作品——加特契纳长岛远眺大宫殿

个自然资源极为丰富，森林覆盖率很高的国家，俄罗斯民族因此有着与生俱来的深沉的森林情结与大地情怀。

俄罗斯文化自古以来就崇尚自然、歌颂自然。俄罗斯民族艺术向来以祖国的地大物博为荣，以大为美，以不经修饰雕琢的自然的原生状态为美；在对自然的理解上，俄罗斯民族自豪于自己所拥有的自然资源，对其倍加珍视，习惯从整体性和普遍主义角度来理解世界，注重人与自然界和谐统一，这种和谐自然观在绘画和园林艺术作品中得到充分体现。

俄罗斯人的祖先为东斯拉夫人罗斯部族。公元988年开始，东正教从拜占庭帝国传入基辅罗斯，由此拉开了拜占庭和斯拉夫文化的融合，形成了独特而又影响深远的艺术哲学。东正教宣扬的爱与宽恕的人文思想，以及俄罗斯民族带有强烈的"救世主"式的世界观也在一定程度上影响着风景画家和造园家们的创作实践。

### 3.2 园林的戏剧场景化

戏剧场景化（Театрализация）是18世纪末期俄罗斯传统园林的一大特色，也是风景画家与造园家在艺术实践中通力合作的范例。这一时期俄罗斯传统园林（尤其是贵族庄园）所形成的独特的娱乐文化试图用令人愉快的自然景物给客人带来惊喜，园林逐渐成为上流社会交往的一个重要场合，因为"与城市里的宫殿相比，当地位较高的人物来访问庄园时，这里更容易确立相对自由的联系"。于是，造园家和风景画家参与其中，园林景色被舞台艺术、戏剧（由农民演员直接在林中旷地、河岸上所扮演）所装饰。莫斯科的库斯科沃、奥斯坦金诺（Останкино），圣彼得堡的奥拉

图14.19 西蒙·菲得洛
维奇·谢德林18世纪末
作品——加特契纳长岛

宁鲍姆等园林因此在俄国戏剧发展史上有着独特的意义。这些园林的存在提供了一系列户外景观——建筑场景，这些场景针对特定的宗教仪式和娱乐活动，经过造园家和画家的深思熟虑，特别是缜密地考虑其空间的连贯性之后呈现在世人面前。园内生动的舞台布景其外观、空间、雕塑等被赋予的作用不仅仅是作为庆祝活动的背景，它甚至可以激起观众对于特定场景的特定心情，使观众产生各种狂热或感伤的情绪，并将他们带到一种独特的气氛中去。

关于俄罗斯传统园林的戏剧场景化，叶卡捷琳娜二世（当时还是公爵夫人）在自己所创作的《戏剧》中有形象的描述：

"……为了纪念皇帝陛下，我突然想起了在奥拉宁鲍姆度过的节日——为了这个节日我在意大利设计师安东尼奥·里那里基所设计的小树林里主持建造了一辆双轮大马车，马车上可以乘坐一个由乐师和歌唱者组成的总共60个人的乐队……在花园里，在主林荫路上我们安放了一座舞台，舞台上有幕布，幕布后面摆放着晚餐时用的桌子……第一道菜之后遮盖着主林荫路的幕布缓缓拉起，这时我们就可以见到从远处慢慢靠近的乐队，乐队由20头成串的牛拉着，乐队周围围着的舞者多到我所能找得到的程度。林荫路上布置了彩灯，灯光将林荫路照得十分明亮，亮到可以分辨出四周的事物。当马车停下来的时候，月光正巧照到了马车上，带来了一种心醉美妙的印象。"

### 3.3 互为创作素材和蓝本

优美的园林风光一向是风景画家的创作蓝本，而除了风景画家亲身参与园林的

图14.20 M·M·伊万诺夫1792年的作品——皇村风景

建造外，风景画本身也常常成为园林建筑装饰的素材。18世纪上半叶，风景画家们希望记录下已有的俄罗斯造园大师们的艺术作品，包括巴洛克式隆重的带有宫殿和凉亭的规则式园林，以及以道路两旁的树阵为背景的喷泉和雕塑是他们的创作对象。到了18世纪下半叶，随着俄罗斯的自然风景园运动的兴起，沙皇在圣彼得堡郊外兴建（或改建）尺度巨大的风景园——巴甫洛夫园、皇村（自然式园林区域）、加特契纳等等。此时风景画家们则热衷于用画笔歌颂大自然，描绘自然风景园中古老繁茂的花园、森林和草地。

同样在18世纪下半叶，在严格的园林建筑室内装饰中，画板画代替了从前华丽的墙壁画，正门画和天花板画也开始被采用。风景画与园林紧密联系，浪漫主义风景画开始加入到了园林建筑物的室内装饰，如天花板、地板装饰画和墙上的壁画之中。加特契纳宫殿里以植物花纹为主题的镶木地板便是这种风格。

146

# 参考文献

1. Ардикуца В.Е. Петродворец: Путеводитель. -Л.: Лениздат, 1974.

2. Арцибаншев Р.А. Декоративное садоводство.М., 1941.

3. Боговая И.О., Фурсова Л.М., Ландшафтное искусство -М.:Агропромиздат,1988.

4. Благовидов Н.М. Почвы Ленингродской области. 11, 1946.

5. Васенина Л.Ф. Сады Востока. -СПБ.: 1998.

6. ВекслерА.И.Ботанические сады СССР. -М.: Сельхозгиз, 1949.

7. Вергунов А.П., Горохов В.А. Русские сады и парки. -М.: Наука, 1988.

8. Вергунов А.П., Горохов В.А.,Садово-парковое искусство России от истоков до начала X X века -М.: Белый город, 2007.

9. Голдовский Г.Н. Китайский садик в нижнем парке Петродворца ( материалы реставрации ) - Л.: 1975.

10. Гловач А.Г. Фенологические наблюдения в садах и парках. М., 1951.

11. Гоголицин Ю.М.,Гоголицина Т.М.Памяники архитектуры Ленинградской области.Л.1987.

12. Горохов В.А. Зеленая природа города - М.: Архитектура -С , 2005.

13. Горохов В.А., Лунц А.Б. Парк мира. -М.: Стройздат, 1985.

14. Гостев.В.Ф.,Юскевич. Н.Н.Проектирование садов и парков. М., 2012.

15. Даринский А.В., Фролов А.И. География ленинградский области. -СПБ.:Глагол, 2006.

16. Даринский А.В. География Санкт -Петербурга. СПБ.1993.

17. Даринский А.В.История Санкт -Петербурга. СПБ.:Глагол, 2006.

18. Делиль Ж. Сады. -Л.: Наука, 1987.

19. Дубяго Т.Б. К восстановлению Екатерининского парка в г. Пушкине. Научн. Тр. ЛИГИ, 1950.

20. Дубяго Т.Б. Русское садово -парковое искусство первой половины X VIII в. Дессертация.

21. Дубяго Т.Б. Русские регулярные сады и парки. -Л.: Стройздат, 1963.

22. Емина Л.В. Екатерининский парк города Пушкина. -Л.:Лениздат, 1956.

23. Залесская Л.С., Александрова., Озеленение городов. Справочник арх., М., 1960.

24. Залесская Л.С. Курс ландшафтной архитектуры. М., 1964.

25. Иванова О.А. Композиция паркового ландшафта.Дисс.Л., 1960.

26. Иванчев И. Парковая перспектива. София, 1965.

27. Исаченко И.Г. Природа Северо -Зпада России. СПБ.1995.

28. Капаклис А. Рижские городские сады и парки. Рига. 1952.

29. Киричек Ю.К. Ландшафтные композиции денлропарка Тростянец. СБ.Ландш. арх.Киев.1969.

30. Косаревский И.А.Искусство паркового пейзажа. -М.: Стройиздат, 1977.

31. Косаревский И.А.Парки Украины. Киев. 1961.

32. Кругляков Планировке городских садов. Л., 1955.

33. Куликов В.С.Китайцы о ссбе. -М.:Политиздат, 1989.

34. Кючарианц.Д.А. Художественные памятники города Ломоносова. -Л.:Лениздат, 1985.

35. Кючарианц.Д.А, Раскин.А.Г. Пригороды Ленинграда. -Л.: Искусство, 1985.

36. Кючарианц.Д.А, Раскин.А.Г. Сады и парки дворцовых ансамблей Санкт-Петербурга и пригородаов -СПБ.: Паритет, 2003.

37. Лунц Л.Б. Зеленое строительство, М., 1952.

38. Мелько И.М. Садово -парковое строительство и хозяйство.М., 1951.

39. Низовский А.Ю.Самые знаменитые монастыри и храмы России.-М.:Вече, 2000.

40. Николавская З.А. Водоем в ландшафте парка. М., 1963.

41. Ожегов С.С.История ландшафтной архитектуры -М.: Архитектура -С , 2004.

42. Палентреер С.Н. Ландшафтное искусство.М., 1963.

43. Палентреер С.Н. Ландшафты лесопарков и парков.М., 1968.

44. Палентреер С.Н. Приемы композиции подмосковных паков Х VII - Х VIII вв.Диссертация.

45. Покровская Г.В., Бычкова А.Г. Климат Ленинграда и его окрестностей. Л., 1967.

46. Приходько П.И.Ландшафтная композиция малого сада. Киев., 1976.

47. Пряхин В.Д. Лесные ландшафты зеленой зоны Москвы. М., 1954.

48. Раскин А.Г. Петродворец. Дворцово – парковый ансамбль XVIII в. - Л.:Искусство, 1975.

49. Раскин А.Г. Петродворец. Дворцы и павильоны. Сады и парки. Фонтаны. Скульптура. – Л.:Аврора, 1978.

50. Раскин А.Г. Город Ломоносов. Дворцово – парковые ансамбли XVIII в. - Л.:Искусство, 1979.

51. Раскин А.Г. Пригороды Ленинграда. -Л.:Лениздат, 1988

52. Раскин А.Г. Фонтан "раковина" ( историческая справка ) . -Л.: 1956.

53. Рубайло Л.Я. Монплезирский сад. -Л.: 1951.

54. Рубцов Л.И. Садово – парковый ландшафт, Киев, 1956.

55. Рубцов Л.И. Проектирование садов парков.М., 1964.

56. Сахаров А.Ф.Основные приципы построения ландшафтных композиций реконструированных парков. Ландшафтная архитектура. Киев, 1976.

57. Солосин Г.И. Город Ломоносов ( Ораниенбаум ) . М.: Искусство, 1954.

58. Тарановская М.З. Карл Росси : Архитектор. Градостроитель. Художник. Л.: Стройиздат, 1980.

59. Тихомирова М.А. О восстановлении русских регулярных садов петровского времени. Всстоновление памятников культуры. М.: Искусство, 1981.

60. Тверской Л.М. Архитектурно-пейзажная инвентариаация Павловского парка. Рукопись, 1940.

61. Тверской Л.М. Композиция паркового пейзажа в перспективном изображении .СБ. Зел. Стр-во. Л., 1956.

62. Тольпано Н.М. Рубки ухода в лесах зеленых зон.М., 1968.

63. Туманова Н. Проект восстановления регулярной части Екатерининского парка в Пушкине. Ландшафтная архитектура. М.: Стройиздат. 1963.

64. Федорова Н.Н. Парки Петродворца. Л.: Лениздат. 1966.

65. Федоров - Давыдов А.Русский пейзаж 18 и начала 19 века.М.: Искусство, 1953.

66. Черкасов М.Н. Композиция зеленых насаждении. Л. -М., 1954.

67. Шварц В.С. Пригороды Ленинграда: Художественные памятники. Л.:Искусство, 1981.

68. Шигодев А.А., Шиманок А.П. Сезонное развите природы. М., 1949.

69. Шиманок А.П. Биология древесных и кустарниковых пород СССР, М., 1964.

70. Шишков И.И. Строение корней ели и их значение в практике лесного хозяйства. Тр. ЛХА № 71, 1953.

71. Шумаков В.С Типы лесных культур и плодородие почв М., 1963.

72. Шурыгин Я.И. Петродворц. М.: Искусство, 1952.

73. Щепотьев Ф.А. Дендрология, М.- Л., 1949.

74. Щербинский Н.С. Сезонные явления в природе. М., 1948.

75. Щукина Е.П. Памятники садово - парковой архитектуры в структуре современного города Памятники архитектуры и современная городская застройка. М.: Стройиздат, 1973.

76. Эйтинген Г.Р. Лесоводство, М., 1949.

77. Яблоков А.С. Интродукция быстрорастущих и технических ценных пород для лесных и озеленительных посадок, М. - Л ., 1950.

78. Яблоков А.С. Селекция древесных пород, М., 1962.

# 后　记

　　这是一本介绍俄罗斯传统园林艺术的专著，从策划构思到最终完稿，断断续续写了两年多。回想2005年我从北京林业大学毕业后，即远赴俄罗斯，进入圣彼得堡林业技术大学风景园林系继续我的学业。

　　我是在2005年9月底第一次前往俄罗斯的，当时在莫斯科入境，印象很深的是从谢列梅捷沃机场去往列宁格勒火车站，街上随处可见凛冽的秋风中荷枪实弹的巡逻军警，让我感受着这个戒备森严的神秘国度。

　　午夜时分从莫斯科乘火车到圣彼得堡，第二天上午就直奔学校报到。学校开学已有一段时间了，留学生宿舍已经住满，我和其他几个中国人住在远离校园的化学系宿舍楼里，周围都是俄罗斯学生。住宿条件比起我之前就读的北京林业大学有所不同，两人一间的宿舍，五间宿舍一个单元，厨房、卫生间和洗澡间都是公用的，校方原本答应的装宽带网迟迟没有消息，以致我和国内亲友沟通颇不方便，平时和家里只能靠手机联系。

　　然而，撇开生活上的一些琐事不谈，圣彼得堡确实是座非常安逸和美丽的城市，沙俄时期保留下来的恢宏的宫殿群和精致的艺术园林随处可见。我的专业是风景园林，面对散落在城市各处的一百多座艺术园林，简直如鱼得水。于是，只要天气稍好，便会拿着地图和相机，操着尚未熟练的俄语一一探访。在俄罗斯，文化场所和旅游景点对学生都非常优惠，只是象征性地收一点钱，因此除了园林，三年来我还逛遍了这座城市里数不清的博物馆、教堂、艺术画廊、名人故居。圣彼得堡是一座水城，因而每当漫步于城中狭窄而古老的街巷间，自己会奇特地感受到一种生活了二十余年的江南水乡的湿润，让我不由自主地放轻脚步。

　　平心而论，苏俄文化对我个人思想的影响和渗透其实是潜移默化的，要摆脱也摆脱不了。因此在艾尔米塔什（冬宫），当我站在当年女沙皇叶卡捷琳娜二世一定站过的方位，打量着窗外两百多年来没有丝毫变化的沙俄帝都旧貌时，终于忍不住去想这座城市并不长久的履历。毫无疑问，和中国的任何一座有身份的城市相比，圣彼得堡都显得太过年轻，想想当年隋炀帝下令开凿京杭运河的时候，这里还是一片沼泽地，那时的古罗斯国在整体上还十分荒昧。圣彼得堡作为一座欧洲名城而存在，众所周知，是彼得大帝一系列改革成果的总结。然而撇开《尼布楚条约》引起的边境纠葛不说，彼得大帝下决心对沙俄施行全面改革的时候，一定会对远在东方的康熙帝国投来钦羡的目光，因此在冬宫我能够体认到两重景深：闭上眼，想见的是关外的滚滚狼烟、声声驼铃；睁开眼，窗外，则是静静的涅瓦河，清风徐徐，涛声隐隐。

就这样，从23岁赴俄到26岁离开，可以说把我学生时代最美好的一段时光留在了圣彼得堡。我的硕士论文在俄罗斯完成，我的艺术观最终也是在圣彼得堡形成的，这直接影响到我从事风景园林工作的认识和追求，而每当我探访圣彼得堡的著名园林时，总是深感作为风景园林工作者，惟有多走多看，多思考多总结，才能对得起自己当初的职业选择。因此留俄期间，除了在圣彼得堡这个艺术之都生活学习了三年外，我还曾多次到莫斯科、索契、图拉、普斯科夫等城市考察园林，这些经历加深了我对俄罗斯园林的直观了解，也为本书的编写积累了大量第一手资料。

此外，我对俄罗斯园林的研究与收获还得益于留学期间在圣彼得堡参加的几场国际学术会议，特别是2007年6月的全球化与风景园林教育国际大会，这是苏联解体以来，在俄罗斯举办的规模最大的一次风景园林国际盛会。作为主办方的研究生代表，我有幸和俄罗斯当今风景园林学界的专家、学者、设计师有交流机会，接触到独联体国家一批最新的研究论文，这些都增进了我对俄罗斯园林的历史和现状的认识。2008年回国后，我在上海市园林设计院从事风景园林规划设计工作，期间也一直关注着俄罗斯风景园林学界的动态。2011年10月，我在工作之余，利用假期重返俄罗斯，再次有针对性地对圣彼得堡近郊的多处著名的历史园林进行实地考察，补充了部分资料，为本书的撰写进一步奠定了基础。

本书能够顺利完成，首先要感谢《风景园林》学刊副主编、编辑部主任林广思博士，在我留学期间给了我为该刊的"俄罗斯风景园林专辑"组稿的机会，并得知当时国内学术界对俄罗斯园林的研究材料匮乏，成果寥寥。我也是自那时起，下决心写一本介绍俄罗斯园林的书，并开始系统搜集、整理相关材料。

书稿付梓之际，我要感谢我的导师，国立圣彼得堡林业技术大学风景园林系资深教授Боговая И.О.和系主任Мельничук И.А.，学校外事办主任Сперанская Н.Н.，以及俄语教研室教师Горская Т.В.，Плюснина Т.Д.和Щербак О.А.，留俄期间，我在学业上的所有收获，都得益于她们无私的帮助。

本书中的部分篇幅曾以"世界景观之旅——漫步俄罗斯的宫殿与园林"专栏在《绿笔采风》杂志上作系列连载，在此要特别感谢上海市园林设计院朱祥明院长和庄伟副总工，正是他们的支持和鼓励，才得以让这本书尽早面世。

本书的出版得到了国家级权威出版机构——中国建筑工业出版社的大力支持。书稿在校审、编辑、排版过程中，出版社的同志，特别是责任编辑杜洁同志不辞劳作，颇费心力，在此衷心致谢。

为了力求向读者比较全面地介绍俄罗斯传统园林概貌，本书的编写查阅了大量的俄文文献，这里我要感谢我的妻子，上海外国语大学俄语系的岳强博士在俄语语言文化方面给予我的悉心协助。

我还要感谢多年来我所结识的众多旅俄华人华侨、同学、朋友们。他们是张军、尹家忠、王鹏、于鹏、曹天荦、刘凌、乔运普、吴眈、商亮明、李鹏吉、焦振国、何致则、舒一楠、乔梅汝、梁雨、尤鸣、马越等。留俄期间，我曾赴莫斯科和圣彼得堡的各大书店和二手书市购买，收集了好几箱专业书籍和资料，委托好友们不远万里分批次帮助我托运回国。如果没有这些精心护送的书籍资料，本书是不可能顺利完成的。

另需特别说明的是，书中所刊的实景图片除大部分为笔者在俄罗斯实地拍摄外，亦有少量由笔者在各时期搜集自相关书籍、网站和个人，有些已无法追溯源头，在此要向其作者表示歉意，也希望照片原作者看到本书后及时与笔者联系。

从涅瓦河边的夏花园开篇，以莫斯科河畔的新圣母修道院煞尾，很显然，区区数万字的文稿和数百张图片难以对俄罗斯园林的整个发展历程作详尽的展示，但通过这本图文并茂的书籍，可以让读者对俄罗斯传统园林史上的重要实例有一个较直观的认识，如果这种认识能略有助于增进中俄两个文化艺术大国之间园林文化的相互交流和借鉴，笔者的初衷也就实现了。

杜安

壬辰岁末于上海，时三十初度